Monitorização Neurofisiológica Intraoperatória

Conceitos Básicos e Técnicas

TÍTULOS DA SÉRIE

Volume 1 – Conceitos Básicos e Técnicas
Volume 2 – Cirurgias Espinais e dos Nervos Periféricos
Volume 3 – Neurocirurgias
Volume 4 – Cirurgias Vasculares, Cabeça e Pescoço e Otorrinolaringologia

Monitorização Neurofisiológica Intraoperatória

Conceitos Básicos e Técnicas

Paulo André Teixeira Kimaid

Graduação em Medicina pela Universidade Estadual de São Paulo (UNESP)
Residência Médica em Neurologia pela UNESP
Fellow de Neurofisiologia Clínica da UNESP
Título de Especialista em Neurofisiologia Clínica pela Sociedade Brasileira de Neurofisiologia Clínica em Convênio com a Associação Médica Brasileira (AMB)
Título de Especialista em Neurologia pela Academia Brasileira de Neurologia em Convênio com a AMB
Mestrado em Ciências e Doutorado em Neurociências pela Universidade Estadual de Campinas (UNICAMP)
Diretor da MNIO do Centro de Neurologia de Campinas (CENEC)
Responsável pela Monitorização Neurofisiológica Intraoperatória do Departamento de Neurologia da UNICAMP
Chefe do Setor de Monitorização Neurofisiológica Intraoperatória da Disciplina de Neurocirurgia da Universidade Federal de São Paulo (UNIFESP)
Presidente da Sociedade Brasileira de Neurofisiologia Clínica (SBNC) – 2011 a 2015
Presidente do Departamento de Neurofisiologia Clínica da Academia Brasileira de Neurologia (ABN) – 2011 a 2015
Presidente do Capítulo Latino-Americano da International Federation of Clinical Neurophysiology (CLA – IFCN)

Thieme
Rio de Janeiro • Stuttgart • New York • Delhi

**Dados Internacionais de
Catalogação na Publicação (CIP)**

K49m

Kimaid, Paulo André Teixeira
Monitorização Neurofisiológica Intra-operatória: Conceitos Básicos e Técnicas/ Paulo André Teixeira Kimaid – 1. Ed. – Rio de Janeiro – RJ: Thieme Revinter Publicações, 2020.

248 p.: il; 16 x 23 cm.
Inclui Índice Remissivo e Referências Bibliográficas
ISBN 978-85-5465-202-9
eISBN 978-85-5465-204-3

1. Neurofisiologia. 2. Técnicas. 3. Princípios. I. Título.

CDD: 616.8
CDU: 612-8

Contato com o autor:
paulokimaid@yahoo.com.br

© 2020 Thieme
Todos os direitos reservados.
Rua do Matoso, 170, Tijuca
20270-135, Rio de Janeiro – RJ, Brasil
http://www.ThiemeRevinter.com.br

Thieme Medical Publishers
http://www.thieme.com

Capa: Thieme Revinter Publicações Ltda.
Ilustração da capa: Ana Lucila Moreira.

Impresso no Brasil por BMF Gráfica e Editora Ltda.
5 4 3 2 1
ISBN 978-85-5465-202-9

Também disponível como eBook:
eISBN 978-85-5465-204-3

Nota: O conhecimento médico está em constante evolução. À medida que a pesquisa e a experiência clínica ampliam o nosso saber, pode ser necessário alterar os métodos de tratamento e medicação. Os autores e editores deste material consultaram fontes tidas como confiáveis, a fim de fornecer informações completas e de acordo com os padrões aceitos no momento da publicação. No entanto, em vista da possibilidade de erro humano por parte dos autores, dos editores ou da casa editorial que traz à luz este trabalho, ou ainda de alterações no conhecimento médico, nem os autores, nem os editores, nem a casa editorial, nem qualquer outra parte que se tenha envolvido na elaboração deste material garantem que as informações aqui contidas sejam totalmente precisas ou completas; tampouco se responsabilizam por quaisquer erros ou omissões ou pelos resultados obtidos em consequência do uso de tais informações. É aconselhável que os leitores confirmem em outras fontes as informações aqui contidas. Sugere-se, por exemplo, que verifiquem a bula de cada medicamento que pretendam administrar, a fim de certificar-se de que as informações contidas nesta publicação são precisas e de que não houve mudanças na dose recomendada ou nas contraindicações. Esta recomendação é especialmente importante no caso de medicamentos novos ou pouco utilizados. Alguns dos nomes de produtos, patentes e design a que nos referimos neste livro são, na verdade, marcas registradas ou nomes protegidos pela legislação referente à propriedade intelectual, ainda que nem sempre o texto faça menção específica a esse fato. Portanto, a ocorrência de um nome sem a designação de sua propriedade não deve ser interpretada como uma indicação, por parte da editora, de que ele se encontra em domínio público.

Todos os direitos reservados. Nenhuma parte desta publicação poderá ser reproduzida ou transmitida por nenhum meio, impresso, eletrônico ou mecânico, incluindo fotocópia, gravação ou qualquer outro tipo de sistema de armazenamento e transmissão de informação, sem prévia autorização por escrito.

DEDICATÓRIA

Aos pacientes, que confiam à equipe cirúrgica seu bem mais precioso: a própria vida.

Aos cirurgiões, que visualizam no trabalho do neurofisiologista um importante método auxiliar à sua prática cirúrgica.

AGRADECIMENTOS

À minha esposa, Ana Lucila Moreira, apaixonada pela Neurologia e Neurofisiologia Clínica. Possui uma capacidade de síntese e organização singulares, sendo capaz de me ajudar a realizar sonhos difíceis, apenas apontando caminhos mais fáceis.

Aos meus filhos, Felipe, Giovanna e Thiago, pelos tantos momentos em que minha ausência foi sentida, possibilitando que eu continuasse sonhando e desenvolvendo meus projetos.

Aos alunos, que confiaram a mim a difícil tarefa de ensinar, motivando a busca incessante por respostas e novos aprendizados.

Aos autores dos capítulos, pois cederam seu tempo e seu conhecimento para tornar essa obra valiosa.

Ao meu técnico e amigo, Fernando Prado, braço direito, com quem partilho muitas horas de minha vida profissional em busca do melhor traçado e da técnica perfeita.

Ao professor e amigo, Aatif Husain, pela generosidade, pelo incentivo e apoio a todo projeto que tenha a intenção de desenvolver e difundir a Neurofisiologia Clínica onde quer que ela seja necessária.

FOREWORD

I am honored and humbled to have been asked to write the foreword for *Monitorização Neurofisiológica Intraoperatória*. It was almost a decade ago that I received an e-mail from a Brazilian clinical neurophysiologist requesting a meeting after he attended a meeting in the United States. I was a little surprised that Dr. Paulo Kimaid, then president of the Brazilian Clinical Neurophysiology Society (SBCN), would fly to Durham, North Carolina to meet me in person. Hosting him for that meeting was one of the best decisions I have ever made. So started what I hope will be a life-long professional and personal friendship with a remarkable clinical neurophysiologist.

NIOM is a relatively young field in Clinical Neurophysiology, but, in a very short period of time, it has become one of its most popular subspecialties. Each decade sees remarkable growth of NIOM in the United States and worldwide. Brazil and the rest of Latin America is no exception; the growth of NIOM has been spectacular. The demand for clinical neurophysiologists trained in NIOM is increasing as surgeons realize the value this service provides. Not only do neuro and orthopedic surgeons see the value of NIOM, but increasingly cardiac, ENT and vascular surgeons appreciate the added benefits of neurophysiologic monitoring.

Paulo has been keenly aware and interested in the teaching of NIOM. He has not only pioneered teaching of this field during recent SBNC meetings, but have been involved with NIOM education at an international level. He has taught courses at the American Clinical Neurophysiology Society (ACNS) and the International Federation of Clinical Neurophysiology meetings worldwide. The mini fellowship that Paulo has organized in Campinas is a model of how intensive NIOM training can be provided in a relatively short period of time.

This book is the next logical extension of Paulo's efforts to enhance NIOM education and training in Brazil and beyond. While many texts are available for practitioners at all levels of expertise, almost all are in English. There is a great need for NIOM texts in other languages as well. This, first of its kind, NIOM text in Portuguese will become a valuable resource for Brazilian clinical neurophysiologist. The layout of the book lends itself well to first learning the basics of NIOM and then learning the nuances of the monitoring used in various types of surgeries. Clinical neurophysiologists, neurologists, trainees, surgeons, technologists and other interested in the field will find value in this text.

I am extremely proud to be associated with Dr. Paulo Kimaid. He epitomizes what it means to be a physician and clinical neurophysiologist. His dedication to the field is exemplary. His work ethic is beyond reproach. His kindness and generosity to colleagues is second to none. And his love of family and friends is precious! I wish him every success in this endeavour, and beyond.

Aatif M. Husain, M.D.
Durham, North Carolina, USA

PREFÁCIO

Estou honrado e emocionado por ter sido convidado a escrever o prefácio de *Monitorização Neurofisiológica Intraoperatória*. Foi há quase uma década que recebi o *e-mail* de um neurofisiologista brasileiro requisitando uma reunião comigo na sequência de um congresso que ele participou nos Estados Unidos. Eu fiquei surpreso ao saber que o Dr. Paulo Kimaid, então presidente da Sociedade Brasileira de Neurofisiologia Clínica (SBCN) faria um voo até Durham, Carolina do Norte, apenas para me conhecer pessoalmente. Recebê-lo para esta reunião foi uma das melhores decisões que já tomei. Começava o que desejo que seja uma longa parceria profissional e pessoal com um neurofisiologista clínico notável.

A Monitorização Neurofisiológica Intraoperatória (MNIO) é um campo relativamente novo da Neurofisiologia Clínica que, num curto período, tornou-se uma das mais populares subespecialidades. A cada década observamos um crescimento notável nos Estados Unidos e outras partes do mundo. O Brasil e a América Latina não são exceção; o crescimento da MNIO tem sido espetacular. A demanda por neurofisiologistas clínicos treinados em MNIO está aumentando com a percepção pelos cirurgiões dos valores que o serviço oferece. Não apenas neurocirurgiões e ortopedistas o percebem, mas cirurgiões cardíacos, vasculares, otorrino-laringologistas e cirurgiões de cabeça e pescoço também.

Paulo tem estado muito envolvido e interessado no ensino da MNIO. Não apenas é um dos pioneiros no ensino da área nos eventos da SBNC, mas têm-se envolvido também com o ensino em nível internacional. Ele tem ensinado em cursos da Sociedade Americana de Neurofisiologia Clínica (ACNS) e da Federação Internacional de Neurofisiologia Clínica (IFCN) durante seus eventos e em vários lugares no mundo. O *mini fellowship* que Paulo tem organizado em Campinas é um modelo de como o treinamento em MNIO pode ser intensificado e oferecido em um período mais curto.

O livro é a extensão lógica dos esforços de Paulo para ampliar o ensino da MNIO e o treinamento no Brasil e além-fronteiras. Embora muitos textos estejam disponíveis para profissionais de todos os níveis de *expertise*, a grande maioria está publicada em inglês. Existe uma grande necessidade de textos também em outras línguas. Este texto de MNIO, primeiro do gênero em português, tornar-se-á um valioso recurso para a neurofisiologia brasileira. O *layout* do livro presta-se bem ao aprendizado das bases da MNIO e, a partir destas, ao aprendizado nos diversos tipos de cirurgias. Neurofisiologistas clínicos, neurologistas, *trainees*, cirurgiões, técnicos e outros profissionais interessados na área encontrarão um valioso conteúdo nesse livro.

Estou extremamente orgulhoso de estar associado ao Dr. Paulo Kimaid. Ele condensa o significado de ser médico e neurofisiologista clínico. Sua dedicação à área é exemplar. Seu trabalho é ético e irrepreensível. Sua bondade e generosidade com os colegas é inigualável. E seu amor pela família e amigos é precioso! Eu desejo a ele todo o sucesso por esse esforço e pelos que virão.

Aatif M. Husain, M.D.
Durham, North Carolina, USA

APRESENTAÇÃO

Dentre as diversas áreas da Neurofisiologia Clínica, a Monitorização Neurofisiológica Intraoperatória (MNIO) é a mais recente, e, certamente, a que cresceu de modo mais rápido. Há cerca de 20 anos, poucos brasileiros conheciam essa desafiante área. A MNIO consiste na observação contínua do funcionamento do sistema nervoso durante um procedimento cirúrgico. Equipamentos capazes de processar diversas técnicas neurofisiológicas, rápida e simultaneamente, tornaram possível essa observação contínua. A interpretação dos registros depende do entendimento das possíveis complicações médicas de cada ato operatório, e requer conhecimento em anatomia, eletrônica e instrumentação, segurança elétrica, neurofisiologia e clínica neurológica. Muitas vezes, a interpretação da MNIO implica imediata intervenção, seja suspendendo o ato cirúrgico, seja orientando manobras terapêuticas. Considerando o exposto acima, no Brasil, a MNIO é ato privativo do médico, embora os procedimentos auxiliares para a execução da técnica possam ser compartilhados com outros profissionais com treinamento técnico específico. Nos países onde a técnica foi aperfeiçoada, seguiu-se a regulamentação da habilitação e do treinamento necessários para executá-la, tanto na área médica quanto na formação técnica.

Como em diversas áreas dependentes da alta tecnologia, a chegada da MNIO, no Brasil, tornou-se mais expressiva após o registro de equipamentos e materiais específicos para realizá-la. Seguiu-se crescimento desordenado, resultando em perigosas lacunas no tocante às indicações, à formação de quem a realiza ou da forma como deve ser realizada. Nos últimos 10 anos, a formação médica adaptou-se, mas ainda é pequena a oferta de ensino na área de MNIO nos programas de Neurofisiologia Clínica brasileiros. A Sociedade Brasileira de Neurofisiologia Clínica (SBNC) é a entidade que confere, mediante aprovação em concurso, certificados de área de atuação em Neurofisiologia Clínica aos especialistas das áreas de Neurologia, Neurocirurgia, Fisiatria e Neurologia Infantil. Especialistas de outras áreas não possuem formação suficiente à realização da técnica, embora a lei brasileira, datada de 1957, ainda reserve a todos os médicos o direito de exercer a medicina em sua plenitude.

A crescente demanda, associada ao pequeno número de serviços de formação na área, trouxe um problema: é insuficiente o número de neurofisiologistas capacitados em MNIO. A deficiência na formação e a inexistência de material didático na língua portuguesa foram os incentivadores para a confecção deste livro.

Escrever um manual prático sobre a MNIO não seria suficiente para orientar a formação na área. Trabalhei o conteúdo, agrupando temas fundamentais para orientar o aprendizado da MNIO, como um roteiro para os que desejam ser introduzidos na área.

A construção desta obra em volumes permite que o interessado na matéria tenha acesso ao conteúdo que lhe interessa. No primeiro volume, os conhecimentos básicos necessários ao entendimento da neurofisiologia clínica são abordados de forma sucinta, na primeira parte, em tópicos, como: definição, história, legislação, instrumentação, segurança elétrica, anatomia e neurofisiologia básica, assim como particularidades dos potenciais evocados. No mesmo volume, na segunda parte, são apresentadas as diferentes técnicas disponíveis para a realização da MNIO, como a conhecemos hoje, e as adaptações necessárias a cada uma para tornar possível sua utilização no centro cirúrgico. Apenas o potencial evocado visual não foi incluído por se tratar, ainda, de técnica de pouca utilidade na prática da MNIO. Os volumes seguintes apresentam os aspectos clinicocirúrgicos, protocolos e paradigmas sugeridos conforme a localização anatômica, ou para grupos particulares de cirurgias, como as espinhais e dos nervos periféricos (volume 2), neurocirurgias (volume 3) e cirurgias vasculares, cirurgias de cabeça e pescoço e otorrinolaringologia (volume 4).

Convidei parte de meus alunos e alguns membros de minha equipe para ajudar a revisar a literatura e esboçar o conteúdo de alguns capítulos. Contribuíram, também, colegas com *expertise* reconhecida nacional e internacionalmente. Essa obra tem seu prefácio (*foreword*) redigido por um neurofisiologista clínico excepcional, amigo de muitos neurofisiologistas brasileiros e testemunha do embrião deste livro, que concretiza minha paixão pela Neurofisiologia Clínica.

Paulo André Teixeira Kimaid

COLABORADORES

ALESSANDRA OLIVEIRA TEIXEIRA
Graduação em Medicina pela Universidade Federal de Sergipe (UFS)
Residência Médica em Neurologia pelo Hospital da Restauração de Recife (FUSAM)
Título de Especialista em Neurologia pela Academia Brasileira de Neurologia em Convênio com a Associação Médica Brasileira (AMB)
Certificado de Área de Atuação em Neurofisiologia Clínica pela Sociedade Brasileira de Neurofisiologia Clínica em Convênio com a AMB
Fellow em Monitorização Neurofisiológica Intraoperatória pelo Centro de Neurologia de Campinas (CENEC)
Neurologista e Neurofisiologista Clínica da CemiClin e da Clínica do Coração em Aracaju, SE
Neurologista e Neurofisiologista Clínica da Semedi em Itabaiana, SE

ANA CAROLINA COAN
Graduação em Medicina pela Universidade Estadual de Campinas (UNICAMP)
Mestrado em Fisiopatologia Médica pela UNICAMP
Doutorado em Neurociências pela UNICAMP
Pós-Doutorado em Epilepsia pela Cleveland Clinic Foundation, EUA
Título de Especialista em Neurologia pela Academia Brasileira de Neurologia em Convênio com a Associação Médica Brasileira (AMB)
Certificado de Área de Atuação em Neurologia Infantil pelo Convênio com a AMB
Certificado de Área de Atuação em Neurofisiologia Clínica pela Sociedade Brasileira de Neurofisiologia Clínica em Convênio com a AMB
Professora-Assistente Doutora do Departamento de Neurologia da Faculdade de Ciências Médicas da UNICAMP

ANA LUCILA MOREIRA
Graduação em Medicina pela Universidade Federal do Paraná (UFPR)
Residência Médica em Neurologia pela UFPR
Título de Especialista em Neurologia pela Academia Brasileira de Neurologia em Convênio com a Associação Médica Brasileira (AMB)
Certificado de Área de Atuação em Neurofisiologia Clínica pela Sociedade Brasileira de Neurofisiologia Clínica em Convênio com a AMB
Neurossonologista pela Word Federation of Neurology, EUA
Diretora Clínica do Centro de Neurologia de Campinas (CENEC)
Presidente da Sociedade Brasileira de Neurofisiologia Clínica (SBNC)
Presidente do Departamento de Neurofisiologia Clínica da Academia Brasileira de Neurologia (ABN)
Presidente do Grupo de Interesse em Eletromiografia e Ultrassonografia Neuromuscular do Capítulo Latino-Americano da International Federation of Clinical Neurophysiology (SIG – CLA – IFCN).

PATRICIA SANTOS

Graduação em Medicina pela Universidade de Caxias do Sul (UCS), RS
Residência Médica em Clínica Médica pela UCS
Residência Médica em Neurologia e Neurofisiologia Clínica pela Fundação Faculdade Federal de Ciências Médicas de Porto Alegre (FFFCMPA)
Fellow em Monitorização Neurofisiológica Intraoperatória pelo Centro de Neurologia de Campinas (CENEC)
Certificado de Área de Atuação em Neurofisiologia Clínica pela Sociedade Brasileira de Neurofisiologia Clínica em Convênio com a Associação Médica Brasileira
Neurofisiologista Clínica do CENEC

RAFAEL DE CASTRO

Graduação em Medicina pela Universidade Estadual de Campinas (UNICAMP)
Residência Médica em Neurologia e Neurofisiologia Clínica pela UNICAMP
Título de Especialista em Neurologia pela Academia Brasileira de Neurologia (SBNC) em Convênio com a Associação Médica Brasileira (AMB)
Fellow of Intraoperative Neuromonitoring (IONM) – Duke University
Certificado de Área de Atuação em Neurofisiologia Clínica pela Sociedade Brasileira de Neurofisiologia Clínica em Convênio com a AMB
Coordenador do Departamento de MNIO da SBNC – Gestão: 2011 a 2019

ROBERTA MARIA PEREIRA ALBUQUERQUE DE MELO

Graduação em Medicina pela Universidade Federal de Alagoas (UFAL)
Residência Médica em Pediatria e Neurologia Infantil pela Universidade Federal de Minas Gerais (UFMG)
Fellow em Epilepsia e Neurofisiologia Clínica da Universidade Federal de São Paulo (UNIFESP)
Fellow em Monitorização Neurofisiológica Intraoperatória pelo Centro de Neurologia de Campinas (CENEC)
Título de Especialista em Neurologia pela Academia Brasileira de Neurologia em Convênio com a Associação Médica Brasileira (AMB)
Certificado de Área de Atuação em Neurofisiologia Clínica pela Sociedade Brasileira de Neurofisiologia Clínica em Convênio com a AMB
Responsável pelo Serviço de Eletroencefalografia do Hospital Arthur Ramos em Maceió, AL
Neuropediatra do Hospital Geral do Estado (HGE)

RODRIGO NOGUEIRA CARDOSO

Graduação em Medicina pela Universidade Federal do Triângulo Mineiro (UFTM)
Residência em Neurologia e Neurofisiologia Clínica pela Universidade de São Paulo (USP)
Título de Especialista em Neurologia pela Academia Brasileira de Neurologia em Convênio com a Associação Médica Brasileira (AMB)
Certificado de Área de Atuação em Neurofisiologia Clínica pela Sociedade Brasileira de Neurofisiologia Clínica em Convênio com a AMB
Coordenador do Serviço de Monitorização Neurofisiológica Intraoperatória do Departamento de Neurocirurgia da Santa Casa de Ribeirão Preto, SP
Diretor Médico do Serviço de Neurofisiologia Clínica Neuroprime do Medcenter de Ribeirão Preto, SP

VINÍCIUS SEPÚLVEDA LIMA

Doutorado em Anestesiologia pela Universidade Federal de São Paulo (UNESP)
Título Superior de Anestesia pela Sociedade Brasileira de Anestesiologia (TSA-SBA)
CAA DOR
Instrutor do CET do Hospital Geral Roberto Santos – Salvador, BA
Anestesiologista na Clínica de Anestesia de Salvador (CAS) e no Hospital Roberto Santos – Salvador, BA

SUMÁRIO

PARTE I
BASES DE NEUROFISIOLOGIA CLÍNICA PARA MNIO

1 INTRODUÇÃO, BREVE HISTÓRICO E REGULAMENTAÇÃO DA MNIO NO BRASIL........ 3
Paulo André Teixeira Kimaid

2 ANATOMIA.. 13
Matheus Rodrigo Laurenti ▪ *Ana Lucila Moreira*

3 NEUROFISIOLOGIA BÁSICA... 33
Ana Lucila Moreira

4 PRINCÍPIOS BÁSICOS DE ELETRICIDADE E INSTRUMENTAÇÃO 47
Manoel de Figueiredo Villarroel ▪ *Paulo André Teixeira Kimaid*

5 SEGURANÇA ELÉTRICA.. 71
Paulo André Teixeira Kimaid

6 PRINCÍPIOS BÁSICOS DE POTENCIAIS EVOCADOS.. 81
Paulo André Teixeira Kimaid

7 INICIANDO NO CENTRO CIRÚRGICO 89
Fernando Prado da Silva ▪ *Paulo André Teixeira Kimaid*

PARTE II
TÉCNICAS DE NEUROFISIOLOGIA CLÍNICA PARA MNIO

8 POTENCIAIS EVOCADOS AUDITIVOS 111
Paulo André Teixeira Kimaid

9 POTENCIAIS EVOCADOS SOMATOSSENSITIVOS 121
Carlos Roberto Martins Junior ▪ *Rafael de Castro* ▪ *Paulo André Teixeira Kimaid*

10 POTENCIAL EVOCADO MOTOR: REGISTRO EPIDURAL E MUSCULAR...................... 133
Carlos Roberto Martins Junior ▪ *Rodrigo Nogueira Cardoso* ▪ *Paulo André Teixeira Kimaid*

11 ELETROMIOGRAFIA... 145
Patricia Santos ▪ *Charles Michel Augusto Nascimento* ▪ *Paulo André Teixeira Kimaid*

SUMÁRIO

12 ELETROENCEFALOGRAFIA... 161

Roberta Maria Pereira Albuquerque de Melo ▪ Mirian Salvadori Bittar Guaranha

13 ELETROCORTICOGRAFIA 181

Marina Koutsodontis Machado Alvim ▪ Ana Carolina Coan ▪ Fernando Cendes

14 DOPPLER TRANSCRANIANO E MICROVASCULAR 191

Ana Lucila Moreira

15 TÉCNICAS ESPECIAIS DE MNIO ESPINAL SACRAL.. 199

Lucas Excel Nunes de Prince ▪ Paulo André Teixeira Kimaid

16 ANESTESIA E MNIO 203

Alessandra Oliveira Teixeira ▪ Vinícius Sepúlveda Lima

ÍNDICE REMISSIVO 215

Monitorização Neurofisiológica Intraoperatória

Conceitos Básicos e Técnicas

Parte I | Bases de Neurofisiologia Clínica para MNIO

INTRODUÇÃO, BREVE HISTÓRICO E REGULAMENTAÇÃO DA MNIO NO BRASIL

CAPÍTULO 1

Paulo André Teixeira Kimaid

A Monitorização Neurofisiológica Intraoperatória (MNIO) é a técnica de Neurofisiologia Clínica que utiliza, de forma isolada ou simultânea, os exames de eletroencefalografia (EEG), eletromiografia (EMG), condução nervosa (CN), potenciais evocados (PE) e, algumas vezes, Doppler transcraniano (DTC), para oferecer informações, em tempo real, sobre o funcionamento do sistema nervoso no decorrer de uma cirurgia.

Principais benefícios da MNIO:[1]

- Informa ao cirurgião que está ocorrendo um problema enquanto ainda há possibilidade de intervir, possibilitando, em alguns casos, evitar danos neurológicos permanentes.
- Identifica um problema "sistêmico" em curso, possibilitando que o anestesista o corrija (p. ex., choque hipovolêmico, hipotermia).
- Permite ao cirurgião avançar na intervenção enquanto o estado funcional do sistema nervoso está preservado ou estável.
- Motiva o cirurgião a operar casos de elevado risco que não seriam submetidos à cirurgia sem a existência da técnica.
- Transmite segurança aos familiares por reduzir o risco de sequelas neurológicas associadas a tratamento cirúrgico.

Apesar dos benefícios da MNIO, a ocorrência de falhas técnicas, a limitação na obtenção de bons traçados e a modificação do regime anestésico ideal podem ocultar alterações em curso (falso-negativos) ou resultar em alarmes falsos (falso-positivos). Os falso-negativos foram reportados em cerca de 0,1% dos pacientes submetidos à correção de escoliose sob MNIO com potenciais evocados somatossensitivos (PESS).[2] Os autores identificaram como causas desses falso-negativos, a rápida deterioração clínica imediatamente após o final da cirurgia, a lesão em estruturas não monitorizadas (p. ex., raízes) e a falha da equipe no reconhecimento da deterioração que se instalava. Já os falso-positivos acontecem em até 1% das cirurgias de escoliose, geralmente por limitação da própria técnica. Existem, ainda, situações em que mesmo informando e intervindo de maneira apropriada, a função deteriora-se irreversivelmente, resultando em déficit neurológico permanente. O neurofisiologista clínico precisa entender que mesmo quando um alarme é imediato e preciso, a reversão da lesão pode não acontecer e sua causa pode não ser identificada.

Entre o vasto grupo de cirurgias que se beneficiam da MNIO, as cirurgias espinhais aparecem no topo da lista, com diversas publicações comprovando sua eficácia, elevada sensibilidade e especificidade, ratificadas em uma revisão sistemática.[3] Muitas outras indicações são descritas na literatura e reconhecidas por algumas seguradoras de saúde.[1,4-8]

Na maioria dos pacientes submetidos à MNIO, são utilizadas várias técnicas ao mesmo tempo, o que chamamos de MNIO multimodal. Essa característica oferece acesso rápido e simultâneo a informações sobre o funcionamento adequado de diversas vias centrais, nervos cranianos e espinais. Outros parâmetros também monitorizados são o nível de consciência e o bloqueio neuromuscular.

A primeira técnica de MNIO data do final do século XIX quando Fedor Krause estimulou o nervo facial para observar seu funcionamento. Seguiram-se os registros em cirurgias de epilepsia nos anos 1930, de cirurgias carotídeas (EEG) e de cirurgias espinhais (PE) quase 40 anos depois.[9-13] No início, o potencial evocado espinal era obtido após estímulo direto sobre a medula e registro no outro extremo da mesma com eletrodos epidurais. A técnica, chamada de "eletroespinograma", foi validada para monitorização espinal por outros pesquisadores da época.[14,15]

Os PESS de média e longa latência foram introduzidos na MNIO em meados dos anos 1970 para monitorizar cirurgias ortopédicas,[16-18] mas os problemas técnicos eram muitos (anestesia, ruído, variabilidade). A anestesia deixou de ser um problema para a MNIO com as publicações sobre seus efeitos nos potenciais evocados e a utilização apenas do PESS de curta latência, entre outras modificações técnicas sugeridas por Nuwer e Dawson.[19,20] Desde então, o PESS é largamente utilizado em MNIO. Nos 20 anos seguintes, a MNIO espinal consistia apenas no registro do PESS, ainda admitindo os falso-negativos. Não era o bastante. Em 1991 e 1992, o grupo liderado pelo Dr. David Burke descreveu a técnica de estimulação elétrica transcraniana para monitorização do trato corticospinal sob anestesia geral.[21,22] Dez anos depois, Calancie *et al.* demonstravam a eficácia e segurança da técnica, permitindo o registro no órgão controlador americano (FDA) do primeiro estimulador elétrico transcraniano comercialmente disponível: o Digitimer D185.[23] Outras técnicas, como os potenciais evocados auditivos, a eletromiografia livre e a estimulada, enriqueceram o arsenal diagnóstico da MNIO nos anos 1980.[8] Seguiu-se, desde então, seu aperfeiçoamento até o que conhecemos hoje.

Há cerca de 20 anos podia-se contar os brasileiros que já conheciam essa desafiante área. Na ocasião, os serviços brasileiros de epilepsia já utilizavam registros corticais invasivos para mapear cirurgias em áreas eloquentes. Como em diversas áreas dependentes da alta tecnologia, a chegada no Brasil tornou-se mais expressiva nos últimos 10 anos, com o registro de equipamentos e materiais para realizá-la. A disponibilidade da nova tecnologia acompanhou-se de crescimento desordenado resultando em perigosas lacunas no tocante às indicações, à formação de quem a realiza ou à forma como deve ser realizada (Fig. 1-1).

Nos últimos 7 anos, a formação médica vem-se adaptando, oferecendo ensino em alguns serviços de Neurofisiologia Clínica do país. Além da residência em Neurofisiologia Clínica, muitos neurofisiologistas especialistas e já habilitados em MNIO acolhem e tutoram colegas em estágios que variam de 1 mês a 1 ano, não havendo consenso sobre o período ideal de treinamento. A Sociedade Brasileira de Neurofisiologia Clínica (SBNC), membro do conselho científico da Associação Médica Brasileira (AMB), publica esse conteúdo em seu edital de provas e confere, mediante aprovação em concurso, certificados de área de atuação em Neurofisiologia Clínica aos especialistas das áreas de Neurologia, Neurocirurgia, Fisiatria e Neurologia Infantil.

Nos últimos 5 anos, a área mais jovem da Neurofisiologia Clínica experimentou um crescimento desordenado, dando início a uma disputa por profissionais não médicos assim como médicos não especialistas na área, o que poderia se traduzir numa ameaça à saúde pública. A inexistência de regulamentação e a não observância da necessidade de

CAPÍTULO 1 • INTRODUÇÃO, BREVE HISTÓRICO E REGULAMENTAÇÃO DA MNIO NO BRASIL

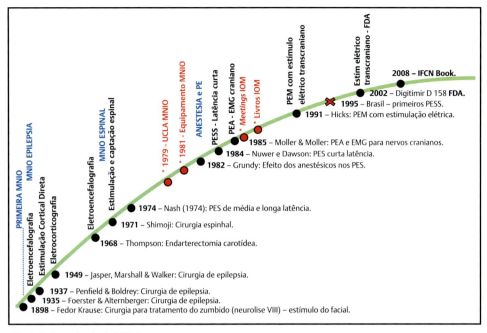

Fig. 1-1. Cronologia da MNIO.

formação especializada reconhecida é perigosa, irresponsável e arcaica. A MNIO realizada por profissionais sem habilitação na área ou até mesmo não médicos expõe o cirurgião e/ou anestesista a informações imprecisas ou exageradamente otimistas, dando a falsa sensação de segurança, muitas vezes ocasionando uma sequela definitiva. Diante do risco previsível para a população, o Conselho Federal de Medicina (CFM) publicou uma resolução sobre a MNIO no Brasil (CFM 2136-2015).

As leis, normas e resoluções apresentadas abaixo são comentadas uma a uma pelo autor, exprimindo, unicamente, sua interpretação do texto. O objetivo desta seção é fornecer subsídios para uma pesquisa mais profunda sobra a MNIO em casos de litígio na área, sejam na justiça comum, nos Conselhos Regionais ou CFM. Retomando os benefícios da MNIO listados anteriormente, deve-se ter em conta que a técnica será indicada com maior frequência, especialmente nos casos mais graves, aumentando o risco de alarmes e, consequentemente, de sequelas. Esse fato coloca o neurofisiologista clínico de frente com uma realidade ainda pouco comum em sua rotina, mas que tende a acompanhar o que acontece nos países desenvolvidos: um número crescente de ações na justiça envolvendo a MNIO.

REGULAMENTAÇÃO DA ATIVIDADE MÉDICA NO BRASIL

No Artigo 28 do Decreto Federal n. 20.931 de 11 de janeiro de 1932, pode-se ler que "nenhum estabelecimento de hospitalização ou de assistência médica pública ou privada poderá funcionar, em qualquer ponto do território nacional, sem ter um diretor técnico e principal responsável, habilitado para o exercício da medicina nos termos do regulamento sanitário federal.[24] No requerimento de licença para seu funcionamento deverá o diretor técnico do estabelecimento enviar à autoridade sanitária competente a relação dos profissionais que nele trabalham, comunicando-lhe as alterações que forem ocorrendo no seu quadro."

Nossa interpretação: para se abrir uma empresa de prestação de serviços na área médica no Brasil, mesmo que seja gratuita, é necessário seu registro no Conselho Regional de Medicina (CRM) local, sendo indispensável um responsável técnico médico também registrado no CRM local. Veremos adiante (Resolução CFM 2.114-2014)[25] que este médico deverá possuir Certificado de Área de Atuação ou Título de Especialista em Neurofisiologia Clínica registrado no CRM.

O CFM e os Conselhos Regionais de Medicina (CRM) foram criados pelo Decreto-lei nº 7.955, de 13 de setembro de 1945, mas através da Lei n. 3.268 de 30 de setembro de 1957,[26] decretada e sancionada pelo Presidente da República na época que eles se tornaram autarquias com personalidade de direito público criados para supervisionar a ética profissional, julgar e disciplinar a classe médica em todo território Nacional, zelando e trabalhando pelo desempenho ético, prestígio e bom conceito da profissão e dos médicos que a exercem. Em seu Artigo 17, essa lei determina que os médicos só poderão exercer legalmente a medicina, em qualquer de seus ramos ou especialidades, após o prévio registro de seus títulos, diplomas, certificados ou cartas no Ministério da Educação e Cultura (MEC) e de sua inscrição no CRM, sob cuja jurisdição se achar o local de sua atividade. E no Artigo 18 da mesma lei, refere que os profissionais registrados de acordo com esta lei possuirão uma carteira profissional que os habitará ao exercício da medicina em todo o país. O Parágrafo Primeiro do Artigo 18 diz que nos casos em que o profissional tiver de exercer temporariamente a medicina em outra jurisdição, deverá apresentar sua carteira para ser visada pelo Presidente do CRM desta jurisdição. E, finalmente, em seu artigo 20, todo aquele que mediante anúncios, placas, cartões ou outros meios quaisquer, se propuser ao exercício da medicina, em qualquer dos ramos ou especialidades, fica sujeito às penalidades aplicáveis ao exercício ilegal da profissão, se não estiver devidamente registrado. Essa lei foi aprovada pelo Decreto n. 44.045, de 19 de julho de 1958.[27]

Nossa interpretação: o decreto de 1945 cria os CRM e CFM, enquanto os decretos de 1957 e 1958 concedem aos conselhos a autonomia para legislar e regular a atividade médica em todo o território nacional. Desta forma, tudo que diz respeito ao médico e sua atividade é atribuição dos conselhos. O reconhecimento do diploma, a confecção da identidade de médico, o registro da especialidade e da área de atuação, assim como o registro das empresas de prestação de serviço médico (com responsável técnico médico) são atribuições dos Conselhos de Medicina.

A Resolução CFM 2.007, de 8 de fevereiro de 2013, modificada pela Resolução CFM 2.114 de 21 de novembro de 2014, dispõe sobre a exigência de título de especialista para ocupar o cargo de diretor técnico, supervisor, coordenador, chefe ou responsável médico dos serviços assistenciais especializados.[25,28] Ainda: "O Conselho Federal de Medicina (CFM), no uso das suas atribuições, resolve que para o médico exercer o cargo de diretor técnico ou de supervisão, coordenação, chefia ou responsabilidade médica pelos serviços assistenciais especializados é obrigatória a titulação em especialidade médica, registrada no Conselho Regional de Medicina (CRM), conforme os parâmetros instituídos pela **Resolução CFM nº 2.005/12**" (esta última substituída pela Resolução CFM 2.149 de 22 de julho de 2016 - Resolução que descreve as Especialidades e Áreas de Atuação reconhecidas pela Comissão Mista de Especialidades – CME revogando as anteriores).[29] E continua: "Em instituição destinada ao exercício de uma única especialidade, o diretor técnico deverá ter

CAPÍTULO 1 • INTRODUÇÃO, BREVE HISTÓRICO E REGULAMENTAÇÃO DA MNIO NO BRASIL **7**

título de especialista registrado no CRM. O supervisor, coordenador, chefe ou responsável pelos serviços assistenciais especializados de que fala o caput deste artigo somente pode assumir a responsabilidade técnica pelo serviço especializado em até duas unidades de serviços assistenciais."[25]

Nossa interpretação: a neurofisiologia clínica é área de atuação que deve ser registrada no CRM. As empresas prestadoras de serviço médico na área de Neurofisiologia Clínica devem possuir diretor, supervisor, coordenador, chefe ou responsável técnico com Certificado de Área de Atuação registrado no CRM. As empresas que comercializam OPME que não possuem responsável técnico que seja médico especialista em Neurofisiologia Clínica com registro no CRM local não poderiam prestar o serviço de MNIO.

A Lei Federal nº 12.842, de 10 de julho de 2013,[30] conhecida como Lei do Ato Médico, apresenta como atividades privativas do médico: a indicação e execução da intervenção cirúrgica e prescrição dos cuidados médicos pré e pós-operatórios; a determinação do prognóstico relativo ao diagnóstico nosológico; a atestação médica de condições de saúde, doenças e possíveis sequelas.

No mesmo artigo, em seu Parágrafo Primeiro, entende-se por diagnóstico nosológico a determinação da doença que acomete o ser humano, aqui definida como interrupção, cessação ou distúrbio da função do corpo, sistema ou órgão, caracterizada por, no mínimo, 2 (dois) dos seguintes critérios: agente etiológico reconhecido; grupo identificável de sinais ou sintomas; alterações anatômicas ou psicopatológicas. As doenças, para os efeitos desta Lei, encontram-se referenciadas na versão atualizada da Classificação Estatística Internacional de Doenças e Problemas Relacionados à Saúde (CID10).

Nossa interpretação: na lei do ato médico, observamos que a MNIO é técnica diagnóstica executada no pré, intra e pós-operatório cujo objetivo é identificar alterações funcionais por sinais e sintomas que possam conduzir a um resultado desfavorável, desencadeando um alarme e uma intervenção terapêutica imediata. As alterações funcionais esperadas encontram-se no CID 10.

A Resolução CFM nº 1974, de 19 de agosto de 2011, entende por anúncio, publicidade ou propaganda a comunicação ao público, por qualquer meio de divulgação, de atividade profissional de iniciativa, participação e/ou anuência do médico.[31] Os anúncios médicos deverão conter, obrigatoriamente, os seguintes dados: a) Nome do profissional; b) Especialidade e/ou área de atuação, quando registrada no Conselho Regional de Medicina; c) Número da inscrição no Conselho Regional de Medicina; d) Número de registro de qualificação de especialista (RQE), se o for. As demais indicações dos anúncios deverão se limitar ao preceituado na legislação em vigor. Na mesma resolução, é vedado ao médico anunciar, quando não especialista, que trata de sistemas orgânicos, órgãos ou doenças específicas, por induzir a confusão com divulgação de especialidade; anunciar aparelhagem de forma a lhe atribuir capacidade privilegiada; participar de anúncios de empresas ou produtos ligados à Medicina, dispositivo este que alcança, inclusive, as entidades sindicais ou associativas médicas; permitir que seu nome seja incluído em propaganda enganosa de qualquer natureza; permitir que seu nome circule em qualquer mídia, inclusive na internet, em matérias desprovidas de rigor científico; fazer propaganda de método ou técnica não aceitos pela comunidade científica; expor a figura de seu paciente como forma de divulgar técnica, método ou resultado de tratamento, ainda que com autorização expressa do mesmo, ressalvado o disposto no art. 10 da mesma resolução; anunciar a utilização de técnicas exclusivas; oferecer seus serviços por meio de consórcio e similares; oferecer consultoria a pacientes e familiares como substituição da consulta médica presencial;

garantir, prometer ou insinuar bons resultados do tratamento. Fica expressamente proibido o anúncio de pós-graduação realizada para a capacitação pedagógica em especialidades médicas e suas áreas de atuação, mesmo que em instituições oficiais ou por estas credenciadas, exceto quando estiver relacionado com a especialidade e a área de atuação registrada nos Conselhos de Medicina.

As dúvidas referentes a essa resolução devem sempre ser encaminhadas pelo médico para consulta à Comissão de Divulgação de Assuntos Médicos (Codame) dos Conselhos Regionais de Medicina, visando enquadrar o anúncio aos dispositivos legais e éticos. Pode, também, anunciar os cursos e atualizações realizados, desde que relacionados com sua especialidade ou área de atuação devidamente registrada no CRM. Nos anúncios de clínicas, hospitais, casas de saúde, entidades de prestação de assistência médica e outras instituições de saúde deverão constar, sempre, o nome do diretor técnico médico e sua correspondente inscrição no CRM em cuja jurisdição se localize o estabelecimento de saúde.

Nossa interpretação: a regulamentação da CODAME é clara: não é permitida a divulgação de especialização não registrada nos CRMs locais. Não se pode divulgar a especialização em MNIO, pois ela não existe como especialidade ou área de atuação. Pode-se divulgar a Neurofisiologia Clínica por ser área de atuação reconhecida e regulamentada pela comissão mista de especialidades (CME), sendo a SBNC a sociedade responsável pelo exame da AMB para obtenção de título na área. Também não é possível divulgar titulação que não possua. Desta forma, a divulgação por parte de profissionais que não possuam a certificação oficial em Neurofisiologia Clínica, seja pelo MEC, seja pela AMB, é considerada infração sujeita à penalidade nos CRM.

REGISTRO DA OCUPAÇÃO DO NEUROFISIOLOGISTA CLÍNICO E DO TÉCNICO

O neurofisiologista clínico ou médico neurofisiologista é o profissional cadastrado na classificação brasileira de ocupações (CBO) com o número 2253-50.[32] Para compreensão da CBO: 2 – profissionais das ciências e das artes; 22 – profissionais das ciências biológicas, da saúde e afins; 225 – profissionais da medicina; 2253 – médicos em medicina diagnóstica e terapêutica; 2253-50 – médico neurofisiologista clínico. O técnico relacionado com a área de Neurofisiologia Clínica é o profissional cadastrado na CBO com o número 3241-05. Para compreensão da CBO: 3 – profissionais técnicos de nível médio; 32 – profissionais técnicos de nível médio das ciências biológicas, bioquímicas, da saúde e afins; 324 – profissionais técnicos em operação de equipamentos e instrumentos de diagnóstico; 3241 – tecnólogos e técnicos em métodos de diagnóstico e terapêutica; 324105 – técnicos em métodos eletrográficos em eletroencefalografia. Sob este código se incluem os técnicos de EEG, polissonografia, potenciais evocados e MNIO. A SBNC reconhece a atividade de técnicos em Neurofisiologia Clínica, desde que os mesmos sejam supervisionados diretamente por um neurofisiologista clínico. Não é permitido ao técnico indicar, planejar, analisar ou interpretar os dados adquiridos por meio de exames em Neurofisiologia Clínica. O laudo deve ser confeccionado e assinado pelo neurofisiologista clínico.

Nossa interpretação: na CBO, regulada pelo ministério do trabalho, o neurofisiologista clínico é considerado profissional médico. Não há reconhecimento de profissional não médico com a mesma ocupação. O técnico em registros eletrográficos pode ser treinado para auxiliar o neurofisiologista clínico, mas nunca poderá substituí-lo. Embora possa ser útil, não é necessário, no Brasil, que o técnico em MNIO tenha formação em biomedicina, enfermagem ou qualquer outra área da saúde. Indicação, planejamento, análise e interpretação da MNIO é ato privativo do médico neurofisiologista clínico.

REGULAÇÃO DA COBERTURA DA MNIO PELOS PLANOS DE SAÚDE

A Agência Nacional de Saúde Suplementar (ANS) estabelece que a MNIO consta no rol de procedimentos médicos que possuem cobertura mínima a ser garantida pelos planos de saúde comercializados a partir de 2 de janeiro de 1999. A MNIO consta do anexo I da Resolução Normativa 262/12,[33] que assim define o procedimento: MNIO entende-se por um conjunto de técnicas neurofisiológicas utilizadas de forma separada ou associadas, durante todo o processo cirúrgico. O objetivo principal da IOM é tentar diminuir os riscos do procedimento cirúrgico, que pela patologia em si ou pela sua manipulação podem produzir ou agravar lesões do sistema nervoso central ou periférico. O procedimento está coberto, assim como os materiais, necessários para a realização do mesmo, quando solicitados pelo médico assistente, e também têm cobertura obrigatória. Para os planos não regulamentados, a cobertura se dá por meio de cláusulas contratuais acordadas entre as partes. Dessa forma, a ANS entende que o procedimento está coberto pelos planos novos (Lei 9.656 de 3 de junho de 1998), mas pode não estar coberto caso o paciente não tenha feito a opção de aderir ao novo plano na ocasião da sanção da lei 9.656/98.[34]

Nossa interpretação: a MNIO está prevista no ROL de procedimentos médicos com cobertura mínima da ANS para os contratos regulamentados pela lei 9.656/98, mas não é obrigatória para os planos não regulamentados (assinados antes de 1998). Deve-se observar, ainda, que na RN 395/2016 a negativa de uma solicitação de procedimentos de alto custo deve ser encaminhada com uma justificativa por escrito ao beneficiário (paciente) dentro de 10 dias da entrega da solicitação, apontando as cláusulas contratuais que dão suporte à negativa.[35] Em caso de procedimento de urgência e emergência, a autorização deve ser imediata. Quando não justificada, a negativa é passível de multa de 30 mil reais, mas em caso de urgência ou emergência pode ser ainda maior.

Também a Anvisa, em sua Resolução da Diretoria Colegiada (RDC) nº 63 de 25 de novembro de 2011,[36] dispõe em seu Artigo 11 que os serviços e atividades terceirizados pelos estabelecimentos de saúde devem possuir contrato de prestação de serviços. Os serviços e atividades terceirizados devem estar regularizados perante a autoridade sanitária competente, quando couber. A licença de funcionamento dos serviços e atividades terceirizados deve conter informação sobre a sua habilitação para atender serviços de saúde, quando couber.

Nossa interpretação: a terceirização do serviço de MNIO às empresas de OPME, convênios e outros tomadores de serviço devem ser feitas mediante a assinatura de um contrato. Para isso, as prestadoras do serviço de MNIO, além de todas as prerrogativas já explanadas acima, precisam de alvará da vigilância sanitária local onde conste o código nacional da atividade econômica (CNAE) e cadastro nacional de estabelecimentos em saúde (CNES).

Pode-se perceber que há vasta legislação em torno do assunto, sendo a mais importante delas a Resolução que regulamenta a MNIO no Brasil, publicada pelo CFM no DOU de 1 de março de 2016 seção 1, p. 71 (Resolução CFM 2.136-2015).[37] Esta resolução disciplina o procedimento de monitorização neurofisiológica intraoperatória como ato médico exclusivo, definindo a responsabilidade dos médicos, a atuação de pessoa jurídica e estabelecendo as normas para o registro em prontuário de tais atos.

"Art. 1º. A monitorização neurofisiológica intraoperatória é ATO MÉDICO;

§ 1º Os procedimentos de apoio à execução da monitorização neurofisiológica intraoperatória podem ser compartilhados com outros profissionais, abrangendo, exclusivamente, montagem e desmontagem do equipamento, colocação e retirada de eletrodos, sempre sob supervisão *in loco* do médico responsável pela monitorização.

Art. 2º. É vedado ao médico realizar os procedimentos cirúrgicos com monitorizações neurofisiológicas intraoperatórias executadas por não médico.

Art. 3º. Quando a monitorização neurofisiológica intraoperatória for realizada por médico de pessoa jurídica, esta é obrigada a ter estrutura operacional para executar tal procedimento, devendo seu diretor técnico ser detentor de título de especialista ou certificado de área de atuação com registro no CRM.

Art. 4º. Só poderá se qualificar como pessoa jurídica para a monitorização neurofisiológica intraoperatória aquela inscrita no CRM e que esteja de acordo com as condições indicadas no artigo 3º deste dispositivo.

Art. 5º. Para a realização do procedimento se faz necessária a obtenção de termo de consentimento livre e esclarecido (TCLE), assinado pelo paciente ou seu responsável legal, onde constem informações sobre os principais riscos do procedimento, bem como a identificação do médico responsável por sua realização, conforme Anexo I desta resolução.

Art. 6º. É vedado ao médico cirurgião realizar a monitorização neurofisiológica intraoperatória concomitantemente à realização do ato cirúrgico.

Art. 7º. Cópias dos laudos deverão ser mantidas em arquivo, respeitando os prazos e normas estabelecidos na legislação vigente quanto à sua guarda.

Art. 8º. São obrigatórias, nos laudos da monitorização neurofisiológica intraoperatória, a assinatura e a identificação clara do médico que a realizou.

Art. 9º. Os laudos das monitorizações neurofisiológicas intraoperatórias deverão seguir as determinações do Anexo II.

Art. 10º. Esta resolução entra em vigor a partir da data de sua publicação.

Brasília-DF, 11 de dezembro de 2015."

Nossa interpretação: na resolução CFM 2.136-2015, observamos que a MNIO é ato médico que pode ser compartilhado com profissional não médico desde que este se submeta ao médico responsável pela MNIO; que o cirurgião não pode aceitar o serviço prestado por um profissional não médico e não pode realizar a MNIO enquanto realiza a cirurgia; observa-se, ainda, a necessidade de termo de consentimento para o procedimento e laudo detalhado conforme os anexos da resolução.

A interpretação dos documentos aqui citados reflete, exclusivamente, a opinião do autor, que é neurologista clínico e neurofisiologista clínico há mais de 20 anos, foi membro da diretoria executiva da SBNC por 10 anos e foi membro das Câmaras Técnicas de Neurologia e Neurocirurgia do CRM do Estado de São Paulo e do CFM até a conclusão desta obra. Em decorrência do tempo entre a redação do mesmo e sua publicação, a legislação vigente pode ter sofrido modificações, devendo o leitor atentar para a atualização destas leis, normas e resoluções.

OBSERVAÇÕES FINAIS

A legislação aqui apresentada e discutida cabe, exclusivamente, ao Brasil em toda a sua extensão territorial, sem exceções. Baseando-se em leis, resoluções e pareceres com caráter dinâmico, a matéria pode ter sido modificada entre a conclusão e a publicação desta obra. Sugerimos que o conteúdo aqui discutido seja cuidadosamente verificado pelo leitor, o que pode ser feito seguindo-se os endereços eletrônicos relacionados em nossas referências.

REFERÊNCIAS BIBLIOGRÁFICAS

1. Nuwer MR. *Intraoperative monitoring of neural function.* Amsterdam: Elsevier; 2008.

CAPÍTULO 1 • INTRODUÇÃO, BREVE HISTÓRICO E REGULAMENTAÇÃO DA MNIO NO BRASIL **11**

2. Nuwer MR, Dawson EC, Carlson LC *et al.* Somatosensory evoked potential spinal cord monitoring reduces neurologic deficits after scoliosis surgery: results of a large multicenter survey. *Electroencephalogr Clin Neurophysiol* 1995;(96):6-11.
3. Nuwer MR, Emerson RG, Galloway G *et al.* Evidence-based guideline update: intraoperative spinal monitoring with somatosensory and transcranial electrical motor evoked potentials: report of the Therapeutics and Technology Assessment Subcommittee of the American Academy of Neurology and the American Clinical Neurophysiology Society. *Neurology* 2012;78(8):585-9.
4. Husain AM. *A practical approach to intraoperative monitoring.* 2nd ed. New York: Demos Medical; 2015.
5. Galoway GM, Nuwer MR, Lopez JR, Zamel KM. *Intraoperative neurophysiologic nonitoring.* New York: Cambridge University Press; 2010.
6. Simon MV. *Intraoperative clinical neurophysiology: a comprehensive guide to monitoring and mapping.* New York. Demos Medical; 2010.
7. Deletis V, Shils JL. *Neurophysiology in neurosurgery: a modern intraoperative approach.* San Diego: Academic Press; 2002.
8. Moller AR. *Intraoperative neurophysiological monitoring.* 3rd ed. New York: Springer; 2010.
9. Foerster O, Altenburger H. Elektrobiologische Vorgaenge ander menschlichen Hirnrinde. *Dtsch Z Nervenheilk* 1935;(135):277-88.
10. Penfield W, Boldrey E. Somatic motor and sensory representation in the cerebral cortex of man as studied by electrical stimulation. *Brain* 1937;(37):389-443.
11. Thompson JE. *Surgery for cerebrovascular insufficiency (stroke) with special emphasis on carotid endartarectomy.* Springfield: Charles C Thomas; 1968.
12. Shimoji K, Higashi H, Kano T. Epidural recording from spinal electrogram in man. *Electroencephalogr. Clin Neurophysiol* 1971;(30):236-9.
13. Imai T. Human electrospinogram evoked by direct stimulation on the spinal cord through epidural space. *J Japan Orthop Assoc* 1976;(50):1037-56.
14. Tamaki T, Yamashita T, Kobatashi H, Hirayama H. Spinal-cord monitoring. *J Japan Electroencephal Electromyo* 1972;(1):196.
15. Tamaki T, Tsuji H, Inoue S, Kobayashi H. The prevention of iatrogenic spinal-cord injury utilizing the evoked spinal-cord potential. *International Orthopaedics* 1981;(4):313-7.
16. Nash, CL Jr, Schatzinger L, Lorig R. Intraoperative monitoring of spinal cord function during scoliosis spine surgery. *J Bone Join Surg* (America) 1974;(56):1765.
17. Nash, CL Jr, Lorig RA, Schatzinger LA, Brown RH. Spinal cord monitoring during operative treatment of the spine. *Clin Orthopae* 1977;(126):100-5.
18. Nash CL Jr, Brodkey JS. *Clinical application of spinal cord monitoring for operative treatment of spinal disease.* Cleveland: Case Western Reserve University; 1977.
19. Grundy BL. Monitoring of sensory evoked potentials during neurosurgical operations: methods and applications. *Neurosurgery* 1982;(11):556-32.
20. Nuwer MR, Dawson EC. Intraoperative evoked potential monitoring of the spinal cord: enhanced stability of cortical recordings. *Electroencephalogr. Clin Neurophysiol* 1984;(59):318-27.
21. Hicks RG, Burke DJ, Stephen JP. Monitoring spinal-cord function during scoliosis surgery with Cotrel-Dubousset instrumentation. *Med J Australia* 1991;(154):82-6.
22. Burke D, Hicks R, Stephen J. Assessment of corticospinal and Somato-sensory conduction simultaneously during scoliosis surgery. *Electroencephalogr Clin Neurophysiol* 1992;(85):388-96.
23. Calancie B, Harris W, Brindle GF *et al.* Threshold-level repetitive transcranial electrical stimulation for intraoperative monitoring of central motor conduction. *J Neurosurg Spine* 2001;(95):161-8.
24. Coleção das Leis do Brasil de 1932. Artigos 28 e 29 do Decreto Federal n. 20.931, de 11 de janeiro de 1932. v. 1. p. 39.

25. Diário Oficial da União de 29 de abril de 2015, seção I, p. 104. Resolução CFM 2.114 de 21 de novembro de 2014.
26. Diário Oficial da União de 01 de outubro de 1957, p. 23.013. Lei n. 3.268 de 30 de setembro de 1957.
27. Diário Oficial da União de 25 de julho de 1958. Decreto n. 44.045, de 19 de julho de 1958.
28. Diário Oficial da União de 08 de fevereiro de 2013, seção I, p. 200. Resolução CFM 2.007, de 8 de fevereiro de 2013.
29. Diário Oficial da União de 03 de agosto de 2016, seção I, p. 99. Resolução CFM 2.149 de 22 de julho de 2016.
30. Diário Oficial da União de 11 de julho de 2013. Lei Federal n.12.842, de 10 de julho de 2013.
31. Diário Oficial da União de 19 de agosto de 2011, seção I, p. 241-4. Resolução CFM n. 1974, de 19 de agosto de 2011.
32. Classificação Brasileira de Ocupações, 3.ed. 2010.
33. Resolução Normativa 262/12 da Agência Nacional de Saúde Suplementar (ANS) Anexo I, de 01 de agosto de 2011.
34. Diário Oficial da União de 04 de junho de 1998. Lei 9.656 de 3 de junho de 1998.
35. Resolução Normativa Nº 395 da Agência Nacional de Saúde Suplementar (ANS) de 14 de janeiro de 2016.
36. Resolução da Diretoria Colegiada (ANVISA) n. 63 de 25 de novembro de 2011.
37. Diário Oficial da União de 01 de março de 2016, seção I, p. 71 Resolução CFM 2136-2015 de 11 de dezembro de 2015.

ANATOMIA

CAPÍTULO 2

Matheus Rodrigo Laurenti
Ana Lucila Moreira

O sistema nervoso pode ser dividido em sistema nervoso central (SNC) e sistema nervoso periférico (SNP). De maneira geral, SNC é aquele que se localiza no interior do esqueleto axial (cavidade craniana – encéfalo e canal vertebral – medula espinal) e SNP é aquele que se encontra fora deste esqueleto.[1] O SNP é composto pelos nervos cranianos e espinais, seus gânglios e ramificações, pela parte periférica do sistema nervoso autonômico e pelo sistema nervoso entérico.[2]

O objetivo deste capítulo é apresentar aspectos estruturais e funcionais do sistema nervoso relevantes à monitorização neurofisiológica intraoperatória (MNIO), iniciando com uma abordagem topográfica, descrevendo sequencialmente o encéfalo e a medula espinal. O capítulo se encerra com uma discussão de dois sistemas de fundamental importância à MNIO – sensibilidade e motricidade somáticas.

ENCÉFALO
Sistema Ventricular
Cada hemisfério cerebral contém um grande ventrículo lateral que se comunica próximo de sua porção rostral com o terceiro ventrículo por meio dos forames interventriculares (forames de Monro). O ventrículo lateral, em geral, é dividido em um corpo (frontal e parietal) e cornos anterior (frontal), posterior (occipital) e inferior (temporal). Visto a partir de seu aspecto lateral, o ventrículo lateral tem a forma aproximada de um C. O líquido cefalorraquidiano é secretado pelos plexos coroides no interior do sistema ventricular[3] (Fig. 2-1).

O terceiro ventrículo é uma cavidade mediana em fenda delimitada pelo diencéfalo. A parte superior da parede do terceiro ventrículo é formada pela superfície medial dos dois terços anteriores do tálamo, e a parte inferior é formada, anteriormente, pelo hipotálamo e, posteriormente, pelo subtálamo. O terceiro ventrículo comunica-se com o quarto ventrículo pelo aqueduto cerebral, um canal estreito que percorre a extensão do mesencéfalo. O quarto ventrículo é localizado dorsalmente à ponte e à metade superior do bulbo, e ventralmente ao cerebelo, e comunica-se com o espaço subaracnóideo da cisterna magna pelo forame de Magendie e com os ângulos pontocerebelares através dos forames de Luschka; inferiormente, ele continua com o canal central da medula espinal.[1-3]

Estrutura dos Hemisférios Cerebrais
O cérebro constitui a maior parte do encéfalo, ocupa as fossas cranianas anterior e média e relaciona-se diretamente com a abóbada craniana. O cérebro é dividido em dois

13

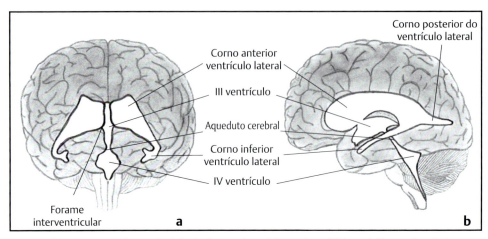

Fig. 2-1. Sistema ventricular cerebral. Projeção em vistas (**a**) anterior e (**b**) lateral. (Ilustrações de Ana Lucila Moreira.)

hemisférios pela fissura inter-hemisférica.[1] A superfície de cada hemisfério apresenta um padrão complexo de giros e sulcos.[1,2] Internamente, os hemisférios possuem uma camada externa de substância cinzenta, o córtex cerebral, sob a qual há uma espessa massa de substância branca. Vários núcleos profundos de substância cinzenta, os núcleos da base, estão parcialmente inseridos na substância branca subcortical.[1,2] Cada hemisfério possui três polos: frontal, occipital e temporal, e três faces: lateral, medial e inferior. Quatro sulcos proeminentes – o sulco central (fissura rolândica), o sulco lateral (fissura sylviana), o sulco parietoccipital e o sulco do cíngulo – junto com a incisura pré-occipital delimitam o hemisfério cerebral em cinco lobos[1,4,5] (Fig. 2-2).

O lobo frontal se estende do polo frontal até o sulco central. Na superfície lateral, o sulco lateral separa o lobo frontal do temporal. Na superfície medial ele se estende até o sulco do cíngulo e, posteriormente, até uma linha imaginária do topo do sulco central até o sulco do cíngulo. Inferiormente, ele continua como parte orbital do lobo frontal. O lobo parietal estende-se do sulco central até uma linha imaginária, conectando o topo do sulco parietoccipital à incisura pré-occipital. Inferiormente, ele é delimitado pelo sulco lateral e a continuação imaginária deste sulco até o limite posterior do lobo parietal. Na superfície medial do cérebro ele é delimitado, inferiormente, pelos sulcos subparietal e calcarino; anteriormente, pelo lobo frontal e, posteriormente, pelo sulco parietoccipital. O lobo temporal se estende superiormente até o sulco lateral e a linha que forma o limite inferior do lobo parietal; posteriormente, se estende até a linha que conecta o sulco parietoccipital à incisura pré-occipital. Na superfície medial, seu limite posterior é uma linha imaginária que se estende da incisura pré-occipital ao esplênio do corpo caloso e parte de seu limite superior é o sulco colateral. O lobo occipital é delimitado, anteriormente, pelos lobos parietal e temporal nas superfícies medial e lateral do hemisfério. O lobo límbico é uma faixa de córtex que circunda a junção entre o telencéfalo e o diencéfalo, sendo constituído pelos giros do cíngulo e para-hipocampal. Ele se interpõe entre o corpo caloso e os lobos frontal, parietal, occipital e temporal.[1,5]

Uma área adicional de córtex encontra-se na profundidade do sulco lateral, oculta por partes dos lobos frontal, parietal e temporal. Este córtex, chamado de ínsula, encontra-se sobrejacente ao local em que o telencéfalo e o diencéfalo se fundem durante o

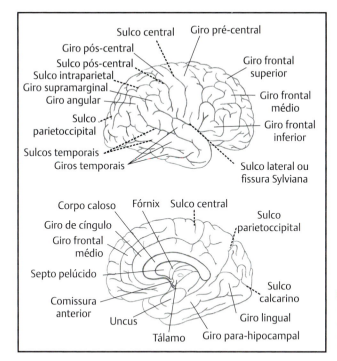

Fig. 2-2. Vista lateral e corte sagital do encéfalo com principais sulcos e giros. (Ilustrações de Ana Lucila Moreira.)

desenvolvimento embrionário. As porções dos lobos que se sobrepõem à insula são chamados de opérculos, respectivamente, frontal, parietal e temporal. O sulco circular circunda a ínsula e a separa das áreas operculares do córtex.[5]

Os núcleos da base são aglomerados de neurônios existentes na porção basal do cérebro: o núcleo caudado, o putâmen, o globo pálido, o *claustrum*, o corpo amigdaloide (núcleos dorsais), o tubérculo olfatório e o núcleo *accumbens* (núcleos ventrais). Caudado e putâmen, em conjunto, são chamados de estriado e são separados pela cápsula interna. O putâmen e o globo pálido em conjunto são chamados de núcleo lentiforme.[1,2] O tálamo é uma estrutura profunda nos hemisférios cerebrais formada, predominantemente, por núcleos de neurônios cuja função está relacionada, entre outras coisas, com consciência, sono, motricidade e sensibilidade. Pode ser comparado a um relê de regulação da atividade motora e sensitiva, processando os *inputs* sensitivos provenientes da periferia e do tronco cerebral, projetando-se para o córtex. Atribui-se às projeções talamocorticais, papel importante na eletrogênese dos ritmos do eletroencefalograma.

A substância branca dos hemisférios cerebrais compõe-se de três categorias de axônios mielinizados. Fibras de associação conectam áreas corticais diferentes no mesmo hemisfério, fibras comissurais comunicam áreas corticais correspondentes em ambos os hemisférios, e fibras de projeção ligam o córtex cerebral com o estriado, o diencéfalo, o tronco encefálico e a medula espinal.[1,2,6,7] A coroa radiada continua-se como cápsula interna, que contém a maioria das fibras de projeção do córtex. Cinco partes da cápsula interna podem ser identificadas: perna anterior, entre o putâmen e a cabeça do núcleo caudado; joelho, entre a cabeça do núcleo caudado e o tálamo; perna posterior, entre o putâmen e o tálamo; retrolenticular, posterior ao putâmen; e sublenticular, inferior ao putâmen[1,8] (Fig. 2-3).

PARTE I ▪ BASES DE NEUROFISIOLOGIA CLÍNICA PARA MNIO

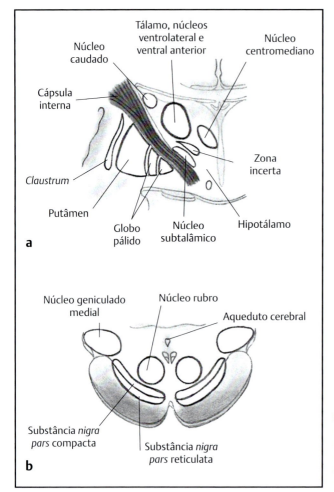

Fig. 2-3. Núcleos da base. (**a**) Projeção anterior (coronal) e (**b**) corte transversal na altura dos núcleos rubros no mesencéfalo. (Ilustrações de Ana Lucila Moreira.)

O detalhamento funcional do córtex cerebral será abordado no capítulo de Cirurgia de Área Eloquente com Paciente Acordado.

Estrutura da Fossa Posterior

A fossa posterior contém o tronco encefálico e o cerebelo. O tronco encefálico constitui-se de mesencéfalo, ponte e bulbo (do sentido rostral para caudal), e o cerebelo possui dois hemisférios unidos medialmente pelo vérmis, com localização dorsal em relação ao tronco encefálico, com o qual mantém importantes conexões. O bulbo, sendo a estrutura que ocupa a posição mais caudal do tronco encefálico, é contínuo com a medula espinal (o forame magno é o limite anatômico desta transição)[1,2] (Fig. 2-4).

Os núcleos e tratos que constituem a estrutura do tronco encefálico podem estar relacionados com relevos ou depressões em sua superfície, e, em decorrência da relevância do assoalho do quarto ventrículo e do ângulo pontocerebelar aos acessos cirúrgicos da fossa posterior,[9] passamos agora à descrição dessas regiões.

CAPÍTULO 2 • ANATOMIA

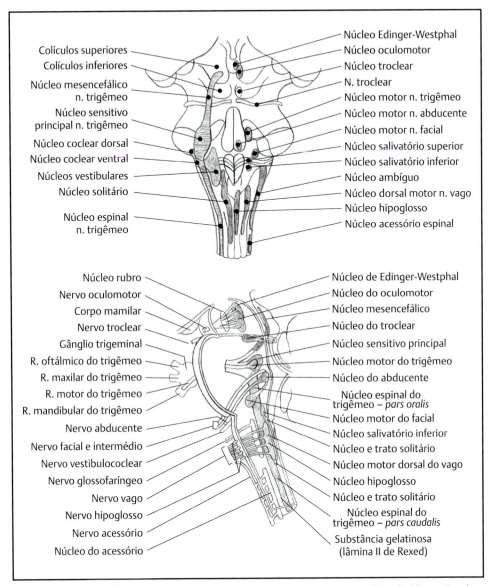

Fig. 2-4. Tronco encefálico – núcleos dos nervos cranianos (projeção posterior e lateral). (Ilustrações de Ana Lucila Moreira.)

O assoalho do IV ventrículo pode ser acessado pela abertura da tela coroide do véu medular inferior, tem a forma romboide e contém os núcleos dos nervos cranianos desde o trigêmeo até o hipoglosso. Os dois terços superiores do assoalho são formados pela ponte e o terço inferior é formado pela parte aberta do bulbo. Os limites inferolaterais são os pedúnculos cerebelares inferiores e os tubérculos dos núcleos grácil e cuneiforme. Os limites superolaterais são os pedúnculos cerebelares superiores, que convergem para penetrar no mesencéfalo. O assoalho do IV ventrículo é dividido em toda a sua extensão longitudinal pelo sulco mediano. A eminência medial situa-se de cada lado deste sulco, e é delimitada, lateralmente, pelo sulco limitante. Este sulco separa os núcleos motores, derivados da lâmina basal e situados medialmente, dos núcleos sensitivos, derivados da lâmina alar e localizados lateralmente. Tanto na porção cranial como na caudal, este sulco se alarga para constituir duas depressões, as fóveas superior e inferior, respectivamente. Na parte central do assoalho do IV ventrículo, a eminência medial dilata-se para constituir uma elevação arredondada de cada lado: os colículos faciais, formados por fibras do nervo facial que contornam o núcleo do nervo abducente. Na parte caudal da eminência medial existe uma pequena área triangular de vértice inferior, o trígono do nervo hipoglosso, correspondente ao núcleo do nervo hipoglosso. Lateral ao trígono do nervo hipoglosso e caudal à fóvea inferior existe outra área triangular, de coloração ligeiramente acinzentada: o trígono do nervo vago, que corresponde ao núcleo dorsal do vago. E lateral ao trígono do vago, uma estreita crista oblíqua, o *funiculus separans*, separa este trígono da área postrema.[1,3,10]

Lateral ao sulco limitante e estendendo-se de cada lado em direção aos recessos laterais, há uma grande área triangular, a área vestibular, que corresponde aos núcleos vestibulares do nervo vestibulococlear. Cruzando, transversalmente, a área vestibular para se perderem no sulco mediano frequentemente existem finas cordas de fibras nervosas que constituem as estrias medulares do IV ventrículo. E estendendo-se da fóvea superior em direção ao aqueduto cerebral, lateralmente à eminência medial, encontra-se o *locus ceruleus*[1,3,10] (Fig. 2-5).

Os limites anatômicos do ângulo pontocerebelar são:

- *Limite superior:* porção infratentorial da cisterna ambiente (artéria cerebelar superior, IV nervo).
- *Limite medial:* cisterna pontina (artéria basilar, VI nervo, origem da artéria cerebelar anteroinferior, veia transversa da ponte).
- *Limite inferior:* cisterna cerebelomedular (cisterna magna).
- *Limite lateral:* nervos IX, X, XI e XII, artéria vertebral, artéria cerebelar posteroinferior e porção petrosa do osso temporal.

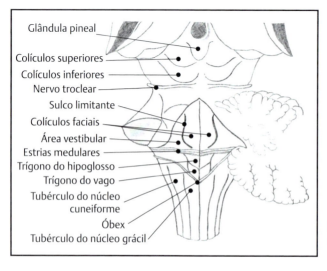

Fig. 2-5. Assoalho do 4º ventrículo. (Ilustração de Ana Lucila Moreira).

O ângulo pontocerebelar é composto pelos nervos V, VII e VIII, artéria cerebelar anteroinferior, artéria auditiva, ramos da veia petrosa e da veia do pedúnculo cerebelar médio, pela veia do recesso lateral do quarto ventrículo e pela veia transversa da ponte.[1,3,11]

Nervos Cranianos

O primeiro nervo craniano, nervo olfatório, é o único nervo craniano sensitivo a projetar-se diretamente para o córtex cerebral (telencéfalo), mantendo sua posição única por meio de conexões com o bulbo olfatório. O segundo nervo craniano, nervo óptico, é formado por axônios dos neurônios visuais de segunda ordem provenientes da retina e que terminam no tálamo (núcleo geniculado lateral), estando assim relacionado com o diencéfalo[1,2] (Fig. 2-6).

Os neurônios que formam os núcleos dos nervos cranianos III a XII se organizam em colunas longitudinais ao longo do tronco encefálico, sendo três colunas motoras – eferente somática geral, eferente somática especial e eferente visceral geral – e quatro sensitivas – aferente somática geral, aferente somática especial, aferente visceral geral, aferente visceral especial. Os nervos cranianos podem ser mistos ou exclusivamente sensitivos ou motores.[1,2] Os nervos oculomotor, troclear e abducente (III, IV e VI nervos) são responsáveis pela motilidade ocular extrínseca. O nervo facial e o vestibulococlear (VII e VIII) são muito frequentemente monitorizados em cirurgias da fossa posterior. Após sua origem no tronco encefálico, os nervos facial e intermédio (parte do nervo facial) dirigem-se anterior e lateralmente ao nervo vestibulococlear; nesta localização, o nervo facial ocupa um sulco anterossuperior no nervo vestibulococlear, com o nervo intermédio entre eles. Já na região lateral do meato acústico interno, a crista vertical (barra de Bill) e a crista transversa dividem o fundo do meato em quatro quadrantes: o nervo facial no quadrante anterossuperior, o nervo coclear no quadrante anteroinferior, o nervo vestibular superior no quadrante posterossuperior e o nervo vestibular inferior no quadrante posteroinferior[11,12] (Fig. 2-7).

O nervo glossofaríngeo, o vago e o acessório (IX, X e XI) concentram funções importantes no processo de deglutição, e emergem do crânio através do forame jugular. O nervo hipoglosso (XII) é responsável pela motricidade da língua.

Detalhamento sobre as funções sensitivas e especiais podem ser estudados em livros de neuroanatomia.

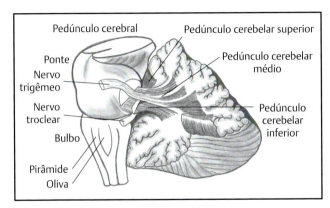

Fig. 2-6. Ângulo pontocerebelar (vista lateral com ressecção do hemisfério cerebelar E). (Ilustração de Ana Lucila Moreira).

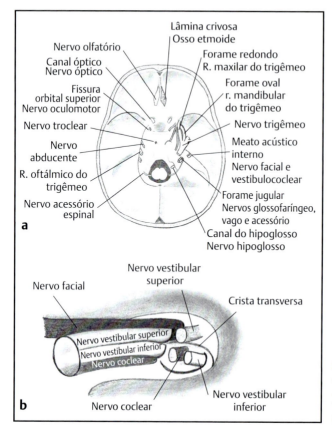

Fig. 2-7. Origem dos nervos cranianos (a). Detalhe do meato acústico interno com os nervos VII e VIII (b). (Ilustrações de Ana Lucila Moreira.)

Vascularização

O encéfalo é irrigado por ramos das artérias carótidas internas e vertebrais que se intercomunicam pelo círculo arterial do cérebro ou polígono de Willis, uma complexa anastomose na base do crânio. Os ramos das artérias carótidas internas compõem a circulação anterior, responsável pela irrigação do prosencéfalo com exceção de partes dos lobos occipitais e temporais. Os ramos das artérias vertebrais formam a circulação posterior e irrigam partes dos lobos occipitais e temporais, o tálamo, o tronco encefálico, o cerebelo e a parte superior da medula espinal.

A artéria carótida interna (ACI) é dividida em quatro segmentos:

1. *Segmento C1 (cervical):* estende-se da sua origem da artéria carótida comum até o orifício externo do canal carotídeo.
2. *Segmento C2 (petroso):* percorre o canal carotídeo e termina quando a artéria entra no seio cavernoso.
3. *Segmento C3 (cavernoso):* localizado no interior do seio cavernoso, termina onde a artéria passa pela dura-máter, formando o teto do seio cavernoso.
4. *Segmento C4 (supraclinoide):* é o segmento intracraniano, que compreende desde a sua entrada no espaço subaracnóideo até sua bifurcação em artéria cerebral anterior (ACA) e artéria cerebral média (ACM).

Quando vistos lateralmente, os segmentos C3 e C4 apresentam várias curvas, formando um S, e por este motivo recebem o nome de sifão carotídeo[13,14] (Fig. 2-8).

A ACA pode ser dividida em três segmentos:

1. *A1:* desde o seu início da artéria carótida interna até a junção com a artéria comunicante anterior.
2. *A2:* da junção com a artéria comunicante anterior até a origem da artéria calosa marginal.
3. *A3:* distal à origem da artéria calosa marginal (obs.: este segmento também é conhecido como artéria pericalosa).

A ACA percorre a fissura longitudinal hemisférica. As artérias perfurantes originadas de A1 e A2 se distribuem, de maneira geral, para a substância perfurada anterior, superfície dorsal do quiasma óptico, área supraquiasmática do hipotálamo, superfície dorsal do nervo óptico e superfície inferior do lobo frontal. Adicionalmente, a artéria recorrente de Heubner se origina de A1 ou da parte proximal de A2 e se dirige à substância perfurada anterior, podendo suprir a cápsula interna. A ACA supre o córtex da superfície medial do cérebro e a borda superior dos lobos frontal e parietal.

A ACM é o ramo terminal da ACI e é dividida em quatro segmentos:

1. *M1 ou esfenoidal:* da origem da ACM até o *limen insulae,* que marca a transição entre os compartimentos esfenoidal e opérculo-insular da fissura sylviana.
2. *M2 ou insular:* que se estende do *limen insulae* até o sulco circular da ínsula.
3. *M3 ou opercular:* do sulco circular da ínsula até a superfície cortical, contornando os opérculos frontal, parietal e temporal.
4. *M4 ou cortical:* que se inicia na superfície da fissura sylviana e se estende sobre a superfície lateral do cérebro.

As artérias perfurantes da ACM, chamadas de artérias lentículo-estriadas, distribuem-se para a superfície perfurada anterior e irrigam os núcleos da base e a cápsula interna.[13-15]

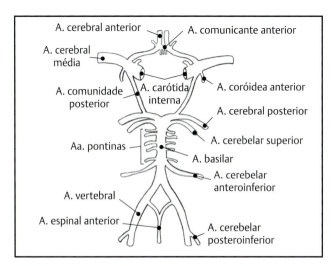

Fig. 2-8. Polígono de Willis – suprimento arterial do encéfalo. (Ilustração de Ana Lucila Moreira.)

A ACM supre o córtex da maior parte da superfície lateral dos hemisférios cerebrais, incluindo a porção lateral do lobo frontal, as porções lateral e superior do lobo temporal e estruturas profundas dos lobos frontal e parietal.

As artérias vertebrais entram no crânio pelo forame magno, ascendem junto à superfície anterolateral do bulbo e se juntam na porção caudal da ponte para formar a artéria basilar, que continua cranialmente pela cisterna pontina até se bifurcar nas artérias cerebrais posteriores, em geral na altura da cisterna interpeduncular. O principal ramo da AV é a artéria cerebelar posteroinferior, enquanto os principais ramos da artéria basilar, antes de sua bifurcação, são a artéria cerebelar anteroinferior e a artéria cerebelar superior. Várias artérias perfurantes se originam destes vasos para suprir o tronco encefálico.[4,15]

A artéria cerebral posterior (ACP) pode ser dividida em quatro segmentos:

1. *Segmento P1 ou pré-comunicante:* desde a bifurcação basilar até a junção com a artéria comunicante posterior.
2. *Segmento P2:* que se inicia na junção com a artéria comunicante posterior, estende-se pelas cisternas crural e ambiente e termina na borda lateral do mesencéfalo.
3. *Segmento P3 ou quadrigeminal:* da superfície posterior da borda do mesencéfalo e da cisterna ambiente até a parte lateral da cisterna quadrigêmea, terminando no limite anterior da fissura calcarina.
4. *P4 ou cortical:* que se inicia no limite anterior do sulco calcarino e inclui os ramos distribuídos à superfície cortical.

A ACP origina três grupos de ramos: artérias perfurantes centrais ao diencéfalo e mesencéfalo, ramos ventriculares ao plexo coroide e paredes do terceiro ventrículo e dos ventrículos laterais, e ramos corticais ao córtex cerebral e ao esplênio do corpo caloso.[13-15] A ACP irriga todo o lobo occipital e as porções inferior e medial do lobo temporal.

O polígono de Willis situa-se na base do cérebro, envolvendo o quiasma óptico e a haste hipofisária. As artérias comunicante anterior (que interliga a circulação arterial anterior de ambos os hemisférios) e comunicantes posteriores (que unem as artérias carótidas internas às artérias cerebrais posteriores, interligando a circulação anterior e a posterior de cada hemisfério) possibilitam o estabelecimento desta rede anastomótica com a função primária de preservar a irrigação de todo o cérebro mesmo que um dos principais ramos nutridores tenha seu fluxo muito reduzido ou interrompido.[4,15]

A drenagem venosa do encéfalo ocorre pelo complexo sistema de veias profundas e superficiais sem válvulas, com paredes finas e sem tecido muscular. Elas perfuram a aracnoide e a camada interna da dura-máter para drenar nos seios venosos durais.[15] O córtex cerebral e a metade mais exterior da substância branca drenam nas veias superficiais localizadas sobre a convexidade do cérebro; as veias da metade superior drenam no seio sagital superior e as da metade inferior drenam nos seios laterais. A substância branca profunda e os núcleos profundos do cérebro drenam para o sistema venoso profundo, que inclui a veia cerebral magna, o seio sagital inferior e o seio reto. A partir destes seios venosos, o sangue drena para os seios transversos, seios sigmoides e, finalmente, para as veias jugulares. As veias da superfície inferior do cérebro terminam direta ou indiretamente nos seios cavernosos (localizados em cada lado da fossa hipofisária), que contêm a artéria carótida e os nervos cranianos III, IV, V e VI.[4,15]

MEDULA ESPINAL

A medula espinal do adulto ocupa os dois terços superiores do canal vertebral, é continuação do bulbo e termina na altura da segunda vértebra lombar. Ela recebe aferências pelas raízes dorsais e controla as funções do tronco e dos membros pelas raízes ventrais.[2] O calibre da medula espinal não é uniforme; duas dilatações denominadas intumescência cervical e intumescência lombar correspondem às áreas em que fazem conexão com a medula as raízes nervosas que formam os plexos braquial e lombossacro, respectivamente.[1] A medula termina afilando-se para formar o cone medular e tem continuidade como um delgado filamento meníngeo, o filamento terminal. Ao longo da maior parte do comprimento da medula espinal, os níveis medulares não estão adjacentes aos níveis correspondentes da coluna vertebral.[1,4]

A superfície da medula apresenta os seguintes sulcos longitudinais, que a percorrem em toda a sua extensão: sulco mediano posterior, fissura mediana anterior, sulco lateral anterior e sulco lateral posterior. Na medula cervical existe, ainda, o sulco intermédio posterior, situado entre o mediano posterior e o lateral posterior, e que continua em um septo intermédio posterior no interior do funículo posterior. Nos sulcos lateral anterior e lateral posterior, fazem conexão, respectivamente, às raízes ventrais e dorsais dos nervos espinais.[1]

A parte interna da medula espinal é constituída por uma região central de substância cinzenta envolta em substância branca. Em corte transversal, a substância cinzenta tem forma aproximada de H ou de borboleta e, convencionalmente, é dividida em projeções conhecidas como cornos posteriores (dorsais) e anteriores (ventrais). Os neurônios localizados no corno posterior recebem aferências sensitivas das raízes dorsais dos nervos espinais, e aqueles localizados no corno anterior emitem ramos eferentes aos músculos estriados pelas raízes anteriores dos nervos espinais.[2] Nos níveis torácicos e lombares podem ser identificadas, adicionalmente, colunas laterais, que contêm neurônios motores viscerais pré-ganglionares que emitem prolongamentos até os gânglios simpáticos. A substância cinzenta intermédia da medula espinal (localizada na barra horizontal central do "H") contém os tratos proprioespinais, com interneurônios que conectam os diferentes segmentos da medula.[1] No centro da substância cinzenta pode ser identificado o canal central da medula, resquício da luz do tubo neural do embrião.[1,2]

A substância branca, formada, em sua maior parte, por fibras mielinizadas, consiste em tratos ascendentes e descendentes que conectam os segmentos da medula espinal entre si (proprioespinais) e com o encéfalo. Pode ser agrupada de cada lado em três funículos ou cordões[1]:

1. *Funículo anterior:* situado entre a fissura mediana anterior e o sulco lateral anterior.
2. *Funículo lateral:* situado entre os sulcos lateral anterior e lateral posterior.
3. *Funículo posterior:* entre o sulco lateral posterior e o sulco mediano posterior. Na medula cervical o funículo posterior é dividido pelo sulco intermédio posterior em fascículos grácil e cuneiforme[1] (Fig. 2-9).

Nervos Espinais e Plexos

Trinta e um pares de nervos espinais ligam-se à medula espinal pelas raízes dorsais e ventrais: 8 cervicais, 12 torácicos, 5 lombares, 5 sacrais e 1 coccígeo. O primeiro par cervical (C1) emerge entre o osso occipital e a primeira vértebra cervical; seguindo esta mesma distribuição, as raízes de C1 a C7 emergem acima das vértebras correspondentes. A raiz de C8 (que não tem uma vértebra correspondente) sai abaixo da vértebra C7, e desta forma os

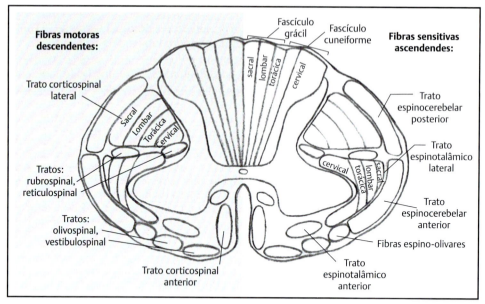

Fig. 2-9. Funículos, substância branca medular (vias ascendentes e descendentes). (Ilustração de Ana Lucila Moreira.)

nervos espinais abaixo de C8 (torácicos, lombares, sacrais e coccígeo) também emergem sempre abaixo da vértebra correspondente. A medula termina no nível das vértebras L1-2, e o conjunto das raízes nervosas espinais contidas no canal vertebral lombossacro (raízes de L2 a L5, S1 a S5 e 1 raiz coccígea) é chamado de cauda equina[1,4] (Fig. 2-10).

Os nervos espinais são constituídos por uma série de radículas dorsais e ventrais. Grupos de radículas adjacentes se unem para formar as raízes dorsais e ventrais, que então se fundem para formar os nervos espinais propriamente ditos. As raízes dorsais dos nervos espinais contêm as fibras aferentes dos neurônios dos gânglios da raiz dorsal. O gânglio da raiz dorsal é formado por corpos de neurônios sensitivos, e dele partem prolongamentos axonais direcionados à medula espinal e à periferia. Portanto, não há sinapse no gânglio da raiz dorsal. As raízes ventrais dos nervos espinais contêm as fibras eferentes dos neurônios cujos corpos estão localizados na substância cinzenta medular (nos núcleos motores) e as fibras eferentes pré-ganglionares autonômicas.[2,4]

Os nervos espinais deixam o canal vertebral através de seus respectivos forames intervertebrais. Eles então se dividem para formar um ramo menor dorsal, posterior, e um ramo maior ventral, anterior (obs.: não confundir raízes ventrais e dorsais com ramos ventrais e dorsais). O ramo dorsal inerva os músculos paravertebrais e a pele do dorso. O ramo ventral inerva os músculos e a pele da parte anterior do tronco, e os membros superiores e inferiores. As fibras nervosas dos ramos ventrais destinadas às extremidades superiores são formadas, principalmente, pelas raízes de C5 a C8 e pela raiz de T1, e aquelas destinadas aos membros inferiores são formados, principalmente, pelas raízes de L2 a L5 e de S1 a S3. Essas fibras são redistribuídas antes de alcançar os membros, respectivamente, nos plexos braquial e lombossacro.[1,2,4]

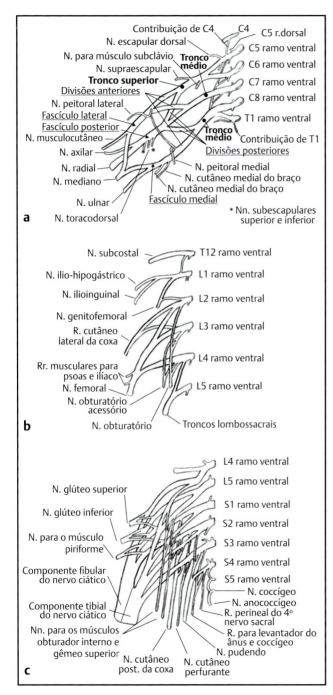

Fig. 2-10. Plexos braquial (**a**), lombar (**b**) e sacral (**c**). (Ilustrações de Ana Lucila Moreira.)

O plexo braquial, localizado na região axilar, redistribui as fibras formando os principais nervos dos membros superiores: axilar, radial, mediano, ulnar e musculocutâneo, entre outros. O plexo lombossacral, localizado na cavidade abdominal baixa e pelve, redistribui as fibras formando os principais nervos dos membros inferiores: femoral, obturador e ciático (que se divide nos nervos tibial e fibular comum), entre outros.[4] A anatomia dos plexos braquial e lombossacral será detalhada no capítulo que aborda a monitorização de plexos e nervos periféricos.

Vascularização

A medula espinal e suas raízes e nervos são irrigados por vasos longitudinais e segmentares. Os principais vasos longitudinais são a artéria espinal anterior, que supre os dois terços anteriores da medula espinal, e as duas artérias espinais posteriores, que suprem em conjunto o terço posterior restante. A artéria espinal anterior se forma pela fusão de ramos espinais das AV, e desce na fissura mediana anterior da medula espinal. As artérias espinais posteriores são ramos das artérias vertebrais e terminam em um plexo que circunda o cone medular. Cada artéria espinal posterior se origina diretamente da AV ou da PICA ipsolateral e desce no sulco posterolateral da medula espinal (Fig. 2-11).

As artérias segmentares (ou radiculares) derivam em sequência craniocaudal de ramos das artérias vertebrais, das PICAs (região cervical), da aorta (região toracolombar) e das artérias laterais sacrais (região sacral). Estes vasos entram no canal espinal pelos forames intervertebrais e enviam à medula espinal ramos radiculares anteriores e posteriores pelas raízes ventrais e dorsais; fazem anastomoses com os ramos dos vasos longitudinais, formando um plexo na superfície pial da medula espinal. A maioria das artérias segmentares é pequena e termina nas raízes ou no plexo pial da medula,[4,16] porém algumas dessas artérias (nas regiões cervical baixa, torácica baixa e lombar alta) são suficientemente calibrosas para alcançar a fissura ventral mediana, onde estabelecem anastomoses com a artéria espinal anterior. Por esse motivo a artéria espinal anterior apresenta um calibre irregular ao longo da fissura ventral mediana, sendo mais calibrosa nas regiões cervical e lombar, onde a quantidade de substância cinzenta a ser irrigada é maior. Destaca-se a artéria radicular anterior magna ou artéria de Adamkiewicz, que pode originar-se de um ramo espinal das artérias intercostais posteriores baixas (T9-T11), da artéria subcostal (T12) ou, menos frequentemente, das artérias lombares superiores (L1 e L2). Ela geralmente se origina à esquerda e pode ser o principal suprimento dos dois terços inferiores da medula espinal. A oclusão da artéria de Adamkiewicz pode ocorrer como complicação de cirurgias abdominais e, uma vez que compromete a perfusão medular baixa, provoca paraplegia.[4,16]

É importante lembrar, também, que a porção torácica média da medula espinal (T4-T9) é uma área de limite perfusional entre territórios arteriais (conhecida como zona de "*watershed*", ou "divisora de águas"), o que a torna suscetível a lesões isquêmicas após períodos de hipotensão.[16]

A medula espinal é drenada por um plexo venoso anastomótico que envolve o saco dural. A veias drenam tanto ao longo das raízes ventrais como dorsais para esse plexo, que possui inúmeras conexões com as veias das cavidades torácica, abdominal e pélvica.[4,16]

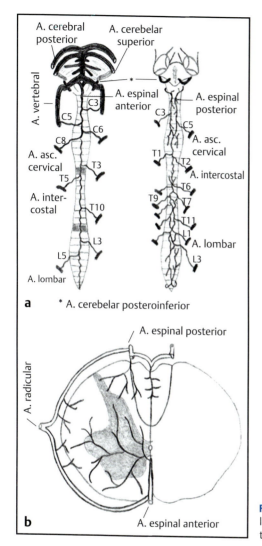

Fig. 2-11. Irrigação arterial da medula espinal – longitudinal anterior e posterior (**a**) e secção transversal (**b**). (Ilustrações de Ana Lucila Moreira.)

SISTEMAS SENSITIVO E MOTOR
Sensibilidade

Os sentidos gerais incluem o tato, a pressão, a vibração, a dor, a sensibilidade térmica e a propriocepção. Estímulos externos e internos ativam vários tipos de receptores na pele, nas vísceras, nos músculos, nos tendões e nas articulações.[2] A área de pele inervada por cada nervo craniano ou espinal é chamada de dermátomo.[2,4]

As vias somatossensitivas podem ser divididas em três grupos. As vias diretas, organizadas de maneira somatotópica, são contralaterais e relacionam-se com a discriminação tátil, com a propriocepção consciente e com aspectos discriminativos da dor e da temperatura. Fazem sinapse no complexo ventral posterior do tálamo. As vias indiretas, sem organização somatotópica, ascendem bilateralmente e são importantes para os componentes afetivos da dor, a sensação visceral e o início de respostas reflexas somáticas, autonômicas e hormonais a estímulos externos. Possuem múltiplas interconexões com a formação reticular, regiões subcorticais e com os núcleos talâmicos mediais, além de afetarem áreas corticais límbicas e paralímbicas. E os tratos espinocerebelares são vias de dois neurônios que transmitem informações proprioceptivas inconscientes ao cerebelo ipsolateral.[4]

Fibras aferentes primárias (via direta), levando informação proprioceptiva e de tato discriminativo do tronco e dos membros, ascendem ipsolateralmente na medula espinal, constituindo os fascículos grácil (membros inferiores) e cuneiforme (membros superiores). A primeira sinapse das vias da coluna dorsal ocorre na porção baixa do bulbo, com os neurônios de segunda ordem nos núcleos grácil e cuneiforme. Os axônios dos neurônios de segunda ordem decussam no bulbo e, então, ascendem contralateralmente, formando o lemnisco medial até o núcleo ventral posterolateral do tálamo, onde estabelecem sinapses com os neurônios de terceira ordem. Os axônios dos neurônios de terceira ordem passam pela cápsula interna para alcançar o córtex cerebral, terminando no córtex sensitivo primário. Projeções homólogas semelhantes existem para aferentes derivados do segmento cefálico.[2]

O córtex sensitivo primário localiza-se no giro pós-central do lobo parietal e discrimina os impulsos sensitivos somáticos. Ele consiste em, ao menos, quatro áreas funcionais distintas, cada uma com um mapa somatotópico completo. As fibras chegam ao giro pós-central de maneira organizada, com a extremidade inferior representada na superfície medial do hemisfério e o braço e a mão representados na superfície lateral. A laringe, boca e face são representados na região acima do sulco lateral[4] (Fig. 2-12).

Motricidade

O sistema motor inicia e controla a atividade dos músculos, dominando, desta forma, a postura e os movimentos.[4] O controle motor envolve um equilíbrio delicado entre múltiplas vias descendentes paralelas e alças recorrentes de retroalimentação com os núcleos da base, com o cerebelo e com o sistema sensitivo.[1,17] A ação do sistema nervoso se antecipa para planejar e modular os movimentos utilizando o aprendizado prévio, informações sensitivas provenientes de receptores da pele, articulações e fusos musculares, assim como informações dos sistemas visual e vestibular.[1,17]

O sistema motor compreende as vias corticospinal e corticonuclear. A via corticospinal origina-se nas áreas motoras corticais formando as vias descendentes (cápsula interna, pedúnculo cerebral e trato corticospinal) até os neurônios motores α do corno anterior da medula espinal.[18] A via corticonuclear difere da via corticospinal, pois termina nos núcleos dos nervos cranianos motores (também formados por neurônios motores α), no tronco encefálico. Os tratos corticospinal e corticonuclear são as vias motoras mais importantes nos seres humanos, estabelecendo conexões diretas, monosinápticas, entre o córtex motor primário e os neurônios motores da medula espinal e dos núcleos dos nervos cranianos, exercendo papel significativo no controle voluntário de movimentos delicados, especialmente para a fala e os movimentos finos das mãos.[18-20]

As fibras dos tratos corticospinal e corticonuclear originam-se na área 4 de Brodmann (área motora primária), na área 6 de Brodmann [áreas pré-motora lateral (6a) e motora suplementar (6b)], na área motora anterior do cíngulo e no córtex somatossensitivo (áreas 3, 2 e 1 de Brodmann); este último contribui para a regulação do fluxo das informações sensitivas. Além de projetar ao tronco encefálico e à medula espinal, essas áreas são

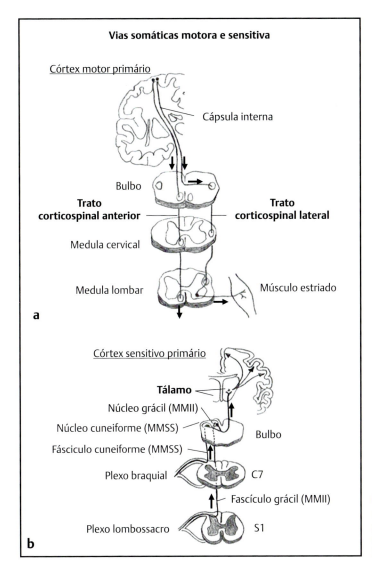

Fig. 2-12. Vias somáticas motora (a) e sensitiva proprioceptiva (b). (Ilustrações de Ana Lucila Moreira.)

intimamente interconectadas. O córtex motor primário ocupa a parede anterior do sulco central e o giro pré-central adjacente (área 4),[21] realiza complexa integração de aferências de várias regiões motoras e não motoras e possui organização somatotópica, com uma representação da metade contralateral do corpo.[4,22] A partir do sulco lateral, de lateral para medial: a área da laringe e da língua, a área da face, a área da extremidade superior (com o polegar e o indicador próximos da face), a área do tronco interposta entre as áreas do ombro e do quadril, sendo que esta se localiza na porção superior da convexidade e a representação do membro inferior se estende à superfície medial da área motora primária.[4] As fibras descendem pela coroa radiada até a cápsula interna, onde as fibras corticonucleares ocupam uma posição mais anterior na perna posterior da cápsula interna em relação às fibras corticospinais. O trato motor passa da cápsula interna, pelos pedúnculos cerebrais, à base da ponte e às pirâmides bulbares. A maioria das fibras (cerca de 85%) do trato corticospinal decussa na pirâmide, localizada na junção entre o bulbo e a medula espinal, formando o trato corticospinal lateral, que controla os movimentos do lado oposto àquele em que se originou. A parte das fibras que continua ventralmente constitui o trato corticospinal anterior.[1,4]

As fibras do trato corticospinal anterior ocupam o funículo anterior da medula, terminando bilateralmente em relação com interneurônios e neurônios motores α responsáveis pelos movimentos da musculatura axial, participando do controle da postura e de movimentos integrados entre o tronco e os membros.[18,19] O trato corticospinal lateral ocupa o funículo lateral ao longo de toda a extensão da medula, suas fibras motoras terminando na substância cinzenta intermédia da medula espinal, fazendo sinapses com interneurônios e com neurônios motores α. A maioria das fibras corticospinais laterais se relaciona com neurônios que controlam a musculatura distal dos membros. São essas conexões monossinápticas dos neurônios motores superiores do trato corticospinal lateral com os neurônios motores inferiores que permitem a realização de movimentos independentes de grupos musculares isolados, especialmente a capacidade de realizar movimentos independentes dos dedos.[1,4,18]

O trato corticonuclear faz parte do controle motor dos nervos cranianos pelas sinapses com neurônios motores α destes núcleos e com outros neurônios do tronco encefálico que influenciam no controle dos movimentos. Os neurônios da formação reticular são um exemplo dessa integração, coordenando o olhar conjugado e os movimentos da cabeça.[23] À medida que descende pelo tronco encefálico o trato corticonuclear envia tanto fibras cruzadas como fibras homolaterais aos núcleos motores dos nervos cranianos. A maioria dos músculos da cabeça está representada no córtex motor dos dois lados. Essa representação bilateral é mais acentuada nos grupos musculares que não podem ser contraídos unilateralmente de maneira voluntária.[1,4]

A complexidade da inervação dos núcleos dos nervos cranianos é ilustrada pelo controle voluntário da face, em que as regiões do núcleo do nervo facial que inervam a metade superior da face ipsolateral apresentam uma representação bilateral na área motora primária, enquanto as regiões que inervam a metade inferior da face têm uma representação primariamente contralateral no córtex motor; além disso, há vias relacionadas tanto com o controle voluntário como com o controle emocional da mímica facial.[12,24]

Os núcleos da base e o cerebelo também influenciam a atividade motora.[2,4] O cerebelo possui projeções para o córtex cerebral, via tálamo, e para os neurônios motores via núcleo rubro, núcleos vestibulares e formação reticular. Os núcleos da base possuem conexões com o córtex cerebral através dos circuitos corticoestriado-talamocorticais.[1,4]

No corno anterior da medula espinal, os neurônios motores α que inervam cada um dos músculos se organizam em núcleos longitudinais inseridos ao longo da substância cinzenta intermédia. Esses núcleos se agregam em dois grupos longitudinais principais, o grupo medial e o grupo lateral. O grupo medial inerva a musculatura axial ao longo da coluna vertebral. O grupo lateral inerva o restante da musculatura do tronco e dos membros. Nas intumescências cervical e lombar, o grupo lateral expande-se em direção dorsolateral em virtude da adição de vários grupos longitudinais de neurônios motores que inervam os músculos das extremidades.[18] Dentro do grupo lateral há também uma ordem: os neurônios motores, situados mais medialmente, inervam a musculatura proximal dos membros, enquanto aqueles situados mais lateralmente inervam a musculatura distal dos membros.[1,18]

Vias descendentes (mediais e laterais) partem do tronco encefálico para a medula espinal e influenciam grupos de neurônios e de músculos diferentes. As principais vias mediais são o trato reticulospinal, os tratos vestibulospinais medial e lateral, e o trato tectospinal, que descendem no funículo anterior e estabelecem sinapses, principalmente, com interneurônios na região ventromedial da substância cinzenta da medula espinal. Essas vias contribuem para o controle de movimentos integrados do tronco com os membros e também para sinergismos entre partes dos membros.[18] A principal via lateral é o trato rubrospinal, que desce no funículo lateral e estabelece sinapses, principalmente, com interneurônios na região dorsolateral do corno anterior da medula espinal.[1,18] Essas vias acrescentam resolução ao controle motor exercido pelo tronco encefálico, permitindo a realização de movimentos relativamente independentes dos membros, especialmente das extremidades, embora seu papel no ser humano seja controverso.[18]

Em suma, as principais aferências dos neurônios motores inferiores são: conexões monossinápticas dos aferentes proprioceptivos das raízes dorsais originadas do mesmo segmento ou de segmentos adjacentes, conexões de colaterais de interneurônios propriospinais e conexões diretas, monossinápticas, dos tratos vestibulospinal e corticospinal.[25] Assim, o neurônio motor α, ou neurônio motor inferior, constitui a via motora final comum e duas das sinapses mais importantes que ocorrem ao longo das vias motoras são as sinapses corticospinais diretas e a junção neuromuscular.[1,4,26]

REFERÊNCIAS BIBLIOGRÁFICAS

1. Machado A, Haertel LM. *Neuroanatomia funcional*, 3.ed. São Paulo: Editora Atheneu; 2014.
2. Crossman ART, R. Overview of the nervous system. In: Standring S (Ed.). *Gray's Anatomy: The Anatomic Basis of Clinical Practice*, 41st ed. Philadelphia: Elsevier; 2016. p. 227-37.
3. Springborg JB, Juhler M. Ventricular system and subarachnoid space. In: Standring S (Ed.). *Gray's Anatomy: The Anatomic Basis of Clinical Practice*, 41st ed. Philadelphia: Elsevier; 2016. p. 271-9.
4. Daube JR. Anatomy. In: Nuwer MR (Ed.). *Intraoperative Monitoring of Neural Function*. London: Elsevier; 2008. p. 44-76.
5. Nolte J. *The Human Brain: An Introduction to Its Functional Anatomy*, 6th ed. Philadelphia: Mosby Elsevier; 2009.
6. Schmahmann JD, Pandya DN. *Fiber Pathways of the Brain*. Oxford University Press, 2006.
7. Schmahmann JD, Smith EE, Eichler FS, Filley CM. Cerebral White Matter. *Ann N Y Acad Sci* 2008;1142:266-309.
8. Ribas GC. Cerebral Hemispheres. In: Standring S (Ed.). *Gray's Anatomy: The Anatomic Basis of Clinical Practice*, 41st ed. Philadelphia: Elsevier; 2016. p. 373-98.
9. Slotty PJ, Abdulazim A, Kodama K, Javadi M *et al*. Intraoperative neurophysiological monitoring during resection of infratentorial lesions: the surgeon's view. *J Neurosurg* 2017;126(1):281-8.
10. Mussi ACM, Rhoton AL. Telovelar approach to the fourth ventricle: microsurgical anatomy. *J Neurosurg* 2000;92:812-23.
11. Wen HT, Rhoton AL, Mussi ACM. Surgical Anatomy of the Brain. In: Winn HR (Ed.). *Youmans and Winn Neurological Surgery*, 7th ed. New York: Elsevier; 2017. p. 40-75.
12. Sun MZ, Oh MC, Safaee M *et al*. Neuroanatomical correlation of the House-Brackmann grading system in the microsurgical treatment of vestibular schwannoma. *Neurosurg Focus* 2012;33(3):E7.
13. Rhoton AL. The supratentorial arteries. *Neurosurgery* 2002;51(4 Suppl):S53-120.
14. Rhoton AL. The cerebrum. *Neurosurgery* 2007;61(1 Suppl):37-118.
15. Griffiths PD. Vascular supply and drainage of the brain. In: Standring S (Ed.). *Gray's Anatomy: The Anatomic Basis of Clinical Practice*, 41st ed. London: Elsevier; 2016. p. 280-90.

16. Baron EM. Spinal cord and spinal nerves: gross anatomy. In: Standring S (Ed.). *Gray's Anatomy: The Anatomic Basis of Clinical Practice*, 41st ed. London: Elsevier; 2016. p. 762-73.
17. Møller AR. *Intraoperative neurophysiological monitoring*, 3rd ed. New York: Springer; 2011.
18. Kuypers HGJM. Anatomy of the descending pathways. In: Brookhart JM, Mountcastle VB (Eds.). *Handbook of Physiology – The Nervous System*. Rockville: American Physiological Society; 1981. p. 597-666.
19. Lemon RN. Descending pathways in motor control. *Ann Rev Neurosci* 2008;31:195-218.
20. Lemon RN, Griffiths J. Comparing the function of the corticospinal system in different species: Organizational differences for motor specialization? *Muscle Nerve* 2005;32:261-79.
21. Kim Y-H, Kim C, Kim J *et al.* Topographical risk factor analysis of new neurological deficits following precentral gyrus resection. *Neurosurgery* 2015;76:714.
22. Reis J, Swayne OB, Vandermeeren Y *et al.* Contribution of transcranial magnetic stimulation to the understanding of cortical mechanisms involved in motor control. *J Physiol* 2008;586:325-51.
23. Horn AKE, Adamczyk C. Reticular formation: eye movements, gaze and blinks. In: Mai JK, George P (Eds.). *The human nervous system,* 3rd ed. Chicago: Elsevier Academic Press; 2012. p. 328-66.
24. Cattaneo L, Pavesi G. The facial motor system. *Neurosci Biobehavi Rev* 2014;38:135-59.
25. Silverdale M. Spinal Cord: Internal Organization. In: Standring S (Ed.). *Gray's Anatomy: The Anatomic Basis of Clinical Practice*, 41st ed. London: Elsevier; 2016. p. 291-308.
26. Gutierrez-Hernandez S, Ritzl EK. Motor Evoked Potentials. In: Publishing DM (Ed.). *A practical approach to neurophysiologic intraoperative monitoring*, 2nd ed. New York: Demos Medical Publishing; 2015. p. 33-45.

NEUROFISIOLOGIA BÁSICA

CAPÍTULO 3

Ana Lucila Moreira

INTRODUÇÃO

Uma das características mais fascinantes do sistema nervoso é o que chamamos somatotopia (soma = corpo e topos = lugar). Sabendo que todo "lugar" corresponde a uma "função", e que os distúrbios da função se traduzem em sintomas ou sinais clínicos, o conhecimento de anatomia e fisiologia do sistema nervoso permite a localização precisa de uma lesão neurológica. O diagnóstico neurológico se baseia em três análises que devem ser pensadas em sequência: diagnóstico topográfico, sindrômico e etiológico. Além da localização anatomofuncional, o padrão temporal de instalação do comprometimento neurológico também auxilia no diagnóstico sindrômico. Em um paciente que desenvolve hemiparesia esquerda desproporcionada (com predomínio na face e no braço, sugerindo que a lesão do feixe corticospinal esteja localizada acima da cápsula interna), de forma lenta, ao longo de semanas, a primeira suspeita diagnóstica será uma lesão expansiva, enquanto se a instalação for súbita, em minutos, a hipótese mais provável é de síndrome vascular. Pode ocorrer, ainda, alteração transitória da função, o que sugere uma condição patológica de instalação rápida, mas reversível, como um ataque isquêmico transitório. A compreensão da fisiopatologia das alterações transitórias de função do sistema nervoso é de interesse da Monitorização Neurofisiológica Intraoperatória, e é o assunto deste capítulo.

Podemos dizer que a função predominante do sistema nervoso é a transmissão, o armazenamento e o processamento de "informação". Todo esse processo é realizado por geração, condução e integração da atividade elétrica, depende de síntese e liberação de agentes químicos e não depende de um único neurônio, mas de um grupo de células ou fibras nervosas. Essa "informação" se inicia numa população neuronal na forma de potenciais elétricos, os chamados potenciais de membrana. São potenciais de membrana: os potenciais de repouso, os de ação e os locais, que são provenientes de potenciais geradores, potenciais sinápticos e potenciais eletrotônicos.

MANUTENÇÃO DO POTENCIAL DE REPOUSO DA MEMBRANA

A membrana celular é uma dupla camada fosfolipídica que "separa" os ambientes intra e extracelular. A organização em dupla camada permite que as porções hidrofílicas das moléculas que a compõem se orientem para o intracelular e o extracelular (meios aquosos), e as porções hidrofóbicas, para o interior da membrana. Ela permite a difusão passiva de oxigênio, óxido nítrico, gás carbônico, glicerol, esteroides e ácidos graxos, e mantém concentrações diferentes de alguns íons no intracelular em relação ao extracelular: há maior concentração de Na⁺, Ca²⁺ e Cl⁻ fora da célula e maior concentração de K⁺ e ânions inorgânicos dentro da célula. Os canais de potássio ficam abertos durante a fase de repouso da membrana, o que permite a difusão de potássio de forma contínua, a fim de manter o potencial de repouso. A diferença de concentração iônica entre os meios, responsável pela manutenção do potencial de repouso, gera duas forças através da membrana: um gradiente químico (com tendência a equilibrar a concentração iônica) e um gradiente elétrico (com tendência a equilibrar as cargas elétricas). Essas duas forças se contrapõem, de forma que o equilíbrio das concentrações iônicas e das concentrações de carga não acontece, mantendo o potencial de repouso da membrana perto de –70 mV.

A manutenção do potencial de membrana deve-se à permeabilidade seletiva da membrana celular aos íons, cujo transporte transmembrana acontece pelos canais iônicos, em processos passivos ou ativos. Em particular, o potencial de repouso da membrana dos neurônios depende, em sua maior parte, do transporte de potássio por alguns motivos: a quantidade de canais de K⁺ abertos nessa fase é abundante, a permeabilidade da membrana a este íon é alta e o potencial de equilíbrio do K⁺ é muito próximo do potencial de repouso da membrana. Apesar de a alta concentração de Na⁺ extracelular favorecer sua difusão para o intracelular, há muito poucos canais abertos deste íon na membrana em repouso, ou seja, a permeabilidade da membrana aos íons Na⁺ é muito baixa nesta fase. Além disso, a força de atração do núcleo do íon sódio é muito maior que a do íon potássio (pois o íon é menor, e as camadas externas ficam mais próximas do núcleo), o que resulta em maior ligação de moléculas de água em torno do íon, e o torna suficientemente volumoso para dificultar sua difusão passiva.

A contínua passagem de íons no estado em repouso da membrana faz com que o potencial permaneça não em equilíbrio, mas estável.

O transporte passivo acontece por meio de canais iônicos que são modulados pelos gradientes químico e elétrico transmembrana. A permeabilidade seletiva da membrana consiste na permissão da passagem passiva de íons específicos através dos canais iônicos, quando da resposta a um estímulo. A abertura do canal para um determinado íon resulta em uma tendência do potencial de membrana de desviar-se para o potencial de equilíbrio deste íon; desta forma, num breve período (o tempo de abertura do canal), o potencial de membrana é determinado pelo gradiente de concentração (gradiente químico) e pelas mudanças de permeabilidade ao íon selecionado. Mas o gradiente elétrico pode impedir a passagem de um íon de um ambiente com maior concentração para outro com menor concentração, em função da maior concentração de cargas opostas. O equilíbrio dessas duas forças (gradientes químico e elétrico) resulta na passagem ou não de íons através da membrana.

Já o transporte ativo, feito pela bomba Na⁺/K⁺ ATPase, acontece contra gradiente e tem a função de restaurar ativamente as concentrações de sódio e potássio nos ambientes intra e extracelular. Por ser contra gradiente, é dependente de energia. A sobrevivência da membrana celular e a excitabilidade da célula dependem da manutenção do potencial de membrana. Considerando que sua manutenção é dependente de energia (bomba Na⁺/K⁺ ATPase), é fácil compreender, portanto, que a falência energética pode ocasionar alterações eletrofisiológicas e resultar em déficits que podem ser transitórios ou definitivos, e que podem culminar em morte celular.

Existe, ainda, o transporte passivo secundário, que se utiliza da energia de um processo para possibilitar o transporte de um íon pelo canal iônico. Um exemplo é o transporte de Cl⁻ contra gradiente, ou seja, do intracelular para o extracelular, utilizando a energia envolvida no transporte de potássio para o extracelular. Na membrana em repouso há pouco ou nenhum transporte de Cl⁻ pois, apesar de a concentração iônica ser maior no extracelular, o potencial de equilíbrio do Cl⁻ é muito próximo do potencial de membrana de repouso; portanto, o gradiente elétrico do Cl⁻ nesta fase é muito pequeno.

Os canais iônicos não são simples poros na membrana, são estruturas proteicas, que permitem passagem de íons quando se abrem. Possuem três estados: 1. fechado e passível de ativação (repouso); 2. aberto (ativo); ou 3. fechado e inativo (refratário).

O fechamento dos canais iônicos pode acontecer por:

- Mudança conformacional em uma região do canal.
- Mudança estrutural geral do canal.
- Bloqueio do canal por partícula.

E a abertura pode ser modulada por:

- Acoplamento de ligante.
- Fosforilação do canal.
- Alteração do potencial de membrana.
- Alteração estrutural por mudança no citoesqueleto.

O tempo durante o qual o canal permanecerá aberto é definido pelo tipo de mecanismo que promove sua abertura. Outros fatores podem alterar o estado de funcionamento do canal iônico, como por exemplo, a ligação de antagonistas (reversíveis ou irreversíveis) e de moléculas reguladoras exógenas. Se o canal normalmente é aberto através de um ligante endógeno, uma droga ou toxina pode bloquear a ativação pelo ligante de forma reversível ou irreversível. Da mesma forma, um ligante exógeno, nesse caso um regulador, pode favorecer a abertura do canal, ligando-se a um local específico, distinto do local de ligação do ligante endógeno.

Os canais iônicos são formados por subunidades e, como exemplo, citaremos três deles:

- *Canais ativados por ligantes:* como o canal nicotínico de acetilcolina que possui cinco subunidades, sendo que cada subunidade possui quatro regiões transmembrana.
- *Canais tipo* gap-junction: das sinapses elétricas, que possuem dois hemicanais nas membranas pré e pós-sináptica, que se ligam no espaço entre as duas células, fazendo assim sua comunicação direta.
- *Canais voltagem-dependentes:* como o de sódio, por exemplo, que é formado por uma única cadeia polipeptídica composta por quatro domínios homólogos, ou repetições.

Além dos canais iônicos em si, algumas propriedades da membrana são determinantes do transporte iônico de membrana:

- *Permeabilidade:* é a facilidade com que um íon passa através da membrana. É medida em centímetros por segundo (cm/s).
- *Condutância:* mede a habilidade da membrana em carrear correntes elétricas, e depende da concentração iônica da solução. É medida em 1 sobre ohms (1/ohms).
- *Capacitância:* é a capacidade de armazenar carga em um material não condutor, isolante (interior da membrana plasmática, por exemplo) quando suas duas superfícies opostas são mantidas com uma diferença de potencial. É medida em Farads (F).

Nenhum íon é distribuído equitativamente entre os dois lados da membrana de um neurônio. Nos neurônios, a membrana plasmática é consideravelmente permeável aos

O potencial de ação é composto pelas fases ascendente rápida e descendente lenta. A primeira fase, rápida, acontece quando os canais de sódio voltagem-dependentes são ativados após o limiar de despolarização ter sido atingido. Há ativação de um número muito grande de canais de sódio, e o aumento da condutância ao sódio nesta fase é da ordem de 5.000 vezes em relação à condutância em repouso. Ocorre um efeito em cascata, com abertura sucessiva de canais de sódio com a progressão da despolarização, mas o potencial de membrana não chega a alcançar o potencial de equilíbrio do sódio – antes que isso aconteça, os canais de potássio, mais lentos, começam a se abrir, e a saída de potássio associada a uma pequena entrada de cloreto começam a fase que restabelecerá o potencial de membrana à sua negatividade habitual em repouso. No término dessa fase, os canais de sódio voltagem-dependentes se fecham (sofrem inativação) e cada vez mais canais de potássio se abrem, permitindo a saída crescente de potássio e tendendo ao restabelecimento do potencial transmembrana de repouso.

Na fase descendente lenta, que é a fase de recuperação, a saída de potássio equilibra gradualmente a entrada de sódio, e, como esses canais são lentos, a demora na inativação desse leva a uma hiperpolarização da membrana, ou seja, o potencial de membrana torna-se mais negativo que o de repouso neste momento: este é o período refratário, que pode ser classificado em absoluto (inicial, impossibilita completamente a geração de novos potenciais de ação) ou refratário (final, quando a geração de novos potenciais de ação só acontece com estímulos mais intensos).

As fases do potencial de ação e as condutâncias iônicas destas fases estão ilustradas nas Figuras 3-1 a 3-3.

É importante lembrar mais uma vez que esse potencial de ação é do tipo "tudo ou nada", ou seja, somente há potencial de ação se a despolarização alcançar o limiar de geração do potencial. E que uma fração de milivolt pode ser a diferença entre a geração ou não de um potencial de ação.

Quanto ao local de geração do potencial eletrotônico, existem diferenças na excitabilidade entre regiões do neurônio, sendo o cone de implantação a região que tem o menor

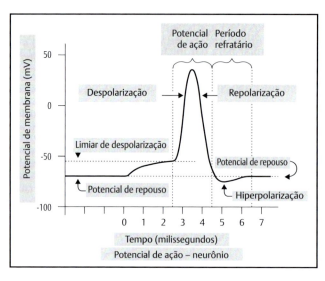

Fig. 3-1. Fases do potencial de ação relacionado com seus potenciais de membrana e com o tempo em milissegundos.

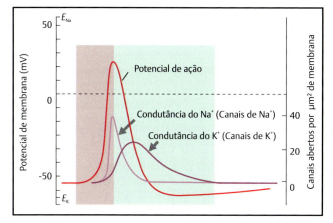

Fig. 3-2. Fase ascendente rápida do potencial de ação na cor rosa, e fase descendente lenta na cor verde. A figura relaciona as fases do potencial de ação com as condutâncias aos íons sódio e potássio.

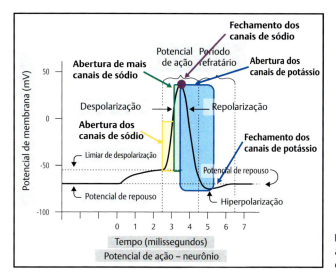

Fig. 3-3. Fases do potencial de ação e abertura e fechamento de canais de sódio e potássio.

limiar para a geração do potencial de ação porque possui uma quantidade excepcional de canais de sódio. Os potenciais locais excitatórios (PEPS) se somam e podem alcançar o limiar do potencial de ação.

Ao contrário do potencial local, o potencial de ação possui uma propagação ativa – as alterações iônicas levam a despolarizações em sequência, gerando potenciais de ação que se propagam pelo neurônio. É importante lembrar, ainda, que a propagação é unidirecional, ou seja, que a área precedente da membrana estará em hiperpolarização quando o potencial for propagado para a área seguinte. Entendam que o termo unidirecional, neste caso, quer representar que não há ativação retrógrada de área que já tenha sido despolarizada. Se houver um estímulo no meio do axônio, o potencial gerado poderá se propagar tanto no sentido do corpo neuronal quanto das suas terminações axonais, mas o estímulo propagado segue sequencialmente e não ativa as áreas precedentes.

Existe outro fator que influencia na propagação do potencial de ação – a mielinização.

Nos axônios não mielinizados, a corrente gerada pelo potencial de ação "vaza" pelo axônio, pois não há isolamento pela mielina; ela se dissipa através da própria membrana e dos canais iônicos, em função da capacitância, da resistência da membrana e da resistência axoplasmática. Por esse motivo, o potencial diminui progressivamente de intensidade, conforme a progressão longitudinal do potencial de ação. A condução é de menor velocidade, pois é sequencial – uma área da membrana se despolariza, e depois outra, e assim por diante. Axônios mielinizados têm velocidade média de condução de 10 a 15 m/s.

Os axônios mielinizados apresentam uma velocidade de condução nervosa bem maior que os axônios não mielinizados, normalmente maior que 100 m/s. A mielina é produzida pelo oligodendrócito, no sistema nervoso central, e pela célula de Schwann no sistema nervoso periférico. Ela envolve o axônio e cria um "isolamento" na maior parte da sua extensão. Entre as células de Schwann, a membrana celular é exposta a cada 1 ou 2 milímetros, em regiões denominadas nodos de Ranvier. Nos nodos de Ranvier, onde a capacitância é elevada, a velocidade de condução se reduz. Nessas áreas há alta densidade de canais de sódio, possibilitando a regeneração do potencial de ação que continuará a se propagar pelo axônio. Quanto mais espessa a mielina, maior será a capacidade de propagação do potencial de ação e mais rápida será a velocidade de condução.

As regiões nodais têm como característica uma permeabilidade grande ao sódio, com vários canais de sódio, e canais de potássio em quantidade muito pequena. Já na região internodal praticamente não há canais de sódio, e a mielina, nessas áreas, dificulta muito o vazamento de corrente pela membrana. A corrente gerada, portanto, propaga-se como um potencial eletrotônico até o próximo nodo de Ranvier sem despolarizar a membrana intermodal (e com poucas perdas, pois a membrana está isolada), o que economiza muito tempo na condução nervosa e caracteriza o que é chamado de condução "saltatória" (em função de os potenciais de ação somente acontecerem nos nodos de Ranvier, e "saltarem" as regiões mielinizadas intermodais). Então, com a propagação do potencial de ação, os canais de sódio são ativados na região nodal, e a corrente elétrica é rapidamente transmitida ao próximo nodo de Ranvier (Fig. 3-4), sem o atraso da geração de vários potenciais de ação sequenciais.

A distância internodal ideal deve ser de 100 vezes o diâmetro axonal, pois interfere na propagação do potencial de ação. Distâncias muito longas causam uma redução progressiva da corrente – até o momento em que a magnitude é insuficiente para despolarizar o próximo nodo de Ranvier. Distâncias muito curtas causam geração de potenciais de ação desnecessários – também reduzem a velocidade de condução com processos que seriam dispensáveis a uma condução eficiente.

Fig. 3-4. Condução saltatória.

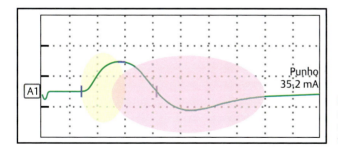

Fig. 3-5. Potencial de ação muscular composto, fase inicial (rápida) marcada em amarelo, e fase final (lenta) marcada em rosa.

Também é sabido que axônios com maior diâmetro (fibras mais grossas) têm velocidade de condução maiores. Isso acontece porque eles têm menor resistência ao fluxo de corrente, pois são mais facilmente excitáveis em função do maior número de carreadores de carga (íons intracelulares) por unidade de comprimento do axônio. A melhor relação axônio/mielina é de 60/40%.

Portanto, fibras grossas são recrutadas com correntes baixas, e têm velocidades de condução maiores. Fibras finas são recrutadas com correntes altas e têm velocidades de condução menores.

Então, após um estímulo elétrico, primeiro são despolarizadas as fibras grossas e mielinizadas; depois, as fibras mais finas e mielinizadas e, por último, as fibras amielínicas. Considerando um potencial registrado na condução nervosa motora (Fig. 3-5): a primeira parte registrada, ascendente e rápida, é composta de respostas rápidas, formadas por ondas de alta frequência – conduzidas por fibras grossas mielinizadas; a segunda parte, mais lenta, é composta por respostas mais lentas, principalmente de ondas de baixa frequência, conduzidas por fibras de menor calibre, mielinizadas. As fibras amielínicas não são claramente registradas nos estudos de condução de rotina.

TRANSMISSÃO SINÁPTICA E POTENCIAIS PÓS-SINÁPTICOS

A sinalização também depende da transmissão sináptica, que faz a comunicação entre dois neurônios (neurônio pré- e pós-sináptico) ou entre um neurônio e a célula do órgão efetor (músculo, glândula etc.). As sinapses podem ser químicas (em que a comunicação é realizada por meio de neurotransmissores) ou elétricas (em que a comunicação é feita por meio de junções intercelulares, as *gap junctions*).

As sinapses elétricas são rápidas, pois a comunicação acontece por meio das *gap junctions* – canais iônicos que se projetam do citoplasma da célula pré-sináptica para a célula pós-sináptica. Essa comunicação acontece por fluxo iônico entre as duas células, e é bidirecional. Esse tipo de sinapse é responsável por comunicações simples, como reflexos rápidos e ativação sincronizada de neurônios, mas não possui nenhuma versatilidade para comunicações mais complexas (Fig. 3-6).

As sinapses químicas são unidirecionais, e em função de todos os processos envolvidos na transmissão, causam um atraso na condução. Uma série de eventos acontece para que a sinalização entre as células pré- e pós-sináptica aconteça, e envolve, necessariamente, um neurotransmissor. De forma simplificada, o potencial de ação que chega na membrana pré-sináptica ativa canais de cálcio, e a liberação do cálcio intracelular faz com que as vesículas de neurotransmissores presentes no terminal sináptico se fundam com a membrana pré-sináptica, liberando os neurotransmissores na fenda sináptica. Os neurotransmissores

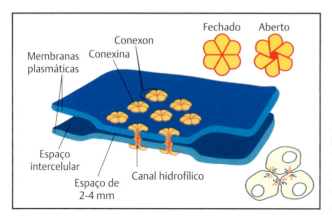

Fig. 3-6. Sinapse elétrica, *gap junctions*. (Adaptada de: Wikipedia Contributors. Electrical synapse. Disponível em: https://en.wikipedia.org/index.php?title=Electrical_synapse&odd=896860274.)

ligam-se ao receptor da membrana pós-sináptica e geram um potencial de ação na membrana pós-sináptica por meio da ativação de canais iônicos ou de mensageiros químicos. A maior complexidade da sinapse química gera um atraso na condução da informação 10 vezes maior que aquela que acontece com a sinapse elétrica: a sinapse elétrica gera um atraso de 0,2 ms e a química, de 2 ms. Mas a vantagem desta forma de comunicação é a possibilidade de transmissão de informações complexas, muito necessárias ao adequado funcionamento dos sistemas nervosos central e periférico.

No caso dos neurônios motores sendo ativados para sinalizar contração muscular, a sinapse química acontece em uma região denominada junção neuromuscular e utiliza como neurotransmissor a acetilcolina. A ligação da acetilcolina ativa os canais na membrana pós-sináptica, com consequente entrada de sódio e saída de potássio na fibra muscular, o que ocasiona despolarização gerando um potencial de placa terminal que se propaga com novas despolarizações ao longo da fibra muscular e provoca a contração muscular. O conhecimento sobre a junção neuromuscular é muito importante para o estudo de patologias que a afetam, e para entender como a neurofisiologia clínica pode auxiliar no diagnóstico dessas doenças.

Os neurotransmissores envolvidos nas sinapses podem exercer funções excitatórias, inibitórias ou modulatórias. Neurotransmissores excitatórios causam aumento na frequência de disparo das células pós-sinápticas; são exemplos o glutamato, a acetilcolina e a serotonina. Neurotransmissores inibitórios causam diminuição da frequência de disparo das células pós-sinápticas; são exemplos o ácido gama-aminobutírico (GABA), a glicina e a serotonina. E os modulatórios regulam o estado de excitabilidade da membrana pós-sináptica. O mesmo neurotransmissor pode ter efeitos diferentes, dependendo do tipo de receptor pós-sináptico que é ativado.

Os receptores podem ser ionotrópicos, que têm ação direta, e nesse caso o canal iônico é o próprio ligante do neurotransmissor. São receptores importantes para respostas rápidas, em milissegundos (como, por exemplo, o reflexo de estiramento). Os receptores metabotrópicos têm ação indireta, portanto, o receptor ativa a proteína G (ligante GTP) que ativa um segundo mensageiro, e este último ativa o canal iônico. Os receptores metabotrópicos são importantes para respostas mais lentas, que podem levar segundos a minutos (como aprendizado, comportamento, memória).

CAPÍTULO 3 ▪ NEUROFISIOLOGIA BÁSICA

Um exemplo da atuação do mesmo neurotransmissor causando efeitos diferentes é a ligação da acetilcolina a receptores muscarínicos ou nicotínicos. Quando a acetilcolina se liga ao receptor muscarínico no músculo estriado cardíaco, que é um receptor metabotrópico, a subunidade α age abrindo os canais de potássio, e a saída de potássio da célula causa hiperpolarização e geração de potenciais inibitórios – o que diminui a frequência cardíaca por tornar a fibra muscular menos excitável. Já quando ela se liga ao receptor nicotínico no músculo estriado esquelético, que é um receptor ionotrópico, o canal de sódio se abre, permitindo a entrada de sódio e causando a despolarização e geração de potenciais excitatórios – o que pode causar a contração muscular.

Os potenciais pós-sinápticos resultantes da interação do neurotransmissor com o receptor pós-sináptico também são alterações transitórias do potencial da membrana pós-sináptica. Eles não são potenciais de ação – podem, sim, dar origem, inibir ou modular o desencadeamento de um potencial de ação. São graduados, progressivos; suas amplitudes dependem da quantidade de neurotransmissor envolvida e da frequência de disparo. E são passíveis de somação espacial e temporal, ou seja, vários potenciais, excitatórios e/ou inibitórios, são somados para gerar ou não um potencial de ação.

Os potenciais podem ser somados espacialmente, quando provêm de neurônios pré-sinápticos diferentes ou, temporalmente, quando são gerados em rápida sucessão pelo mesmo neurônio pré-sináptico. E de acordo com a sua ação são denominados PEPS –potenciais pós-sinápticos excitatórios, ou PIPS – potenciais pós-sinápticos inibitórios.

APLICAÇÃO DESSES PRINCÍPIOS NA PRÁTICA DA NEUROFISIOLOGIA

Todas as células vivas possuem um potencial transmembrana, que varia constantemente e que pode se alterar a ponto de gerar um potencial de ação – são, portanto, possíveis geradores. E a alteração dos potenciais pode ser registrada por meio de eletrodos de registro. Os eletrodos de registro são comumente denominados G1 e G2, sendo G1 o eletrodo ativo (usado para registrar o potencial elétrico da estrutura de interesse) e G2 o eletrodo referência (usado como referência do registro e, por esse motivo, posicionado em local o mais neutro possível). Todas as fases do registro são feitas comparando o potencial registrado em G1 em relação ao registrado em G2, e isso é registrado em ondas ora negativas, ora positivas.

Outra convenção importante em Neurofisiologia Clínica é a de que potenciais registrados como deflexões acima do 0 no eixo Y são denominados negativos (pois registram a negatividade do extracelular que acontece no potencial de ação), e as deflexões abaixo do 0 no eixo Y são denominadas positivas.

Na Figura 3-7 está um exemplo de potencial trifásico (positivo – negativo – positivo), sendo registrado sequencialmente à medida que o sinal bioelétrico se aproxima de G1, passa entre G1 e G2 e depois deixa G2.

O sinal registrado passa por um amplificador diferencial, que aumenta a magnitude do sinal diferencial entre G1 e G2.

Em um dipolo, as linhas de corrente orientam-se de forma radial entre o catodo e o ânodo, e desta forma se estabelecem as linhas equipotenciais, que explicam por que a magnitude da resposta registrada decai na razão inversa do quadrado da distância entre a resposta e o eletrodo de registro. Ainda deve se considerar no posicionamento dos eletrodos as áreas de maior e menor densidade de corrente, conforme mostrado na Figura 3-8. Este conhecimento é importante, por exemplo, na correção dos artefatos de estímulo

PARTE I ▪ BASES DE NEUROFISIOLOGIA CLÍNICA PARA MNIO

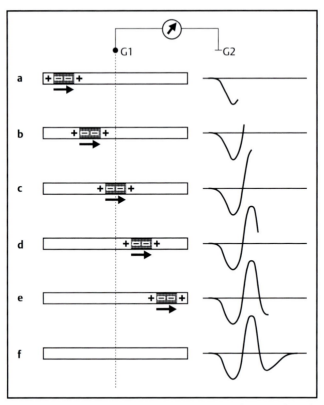

Fig. 3-7. Potencial trifásico. (**a, b**) Eletrodo ativo ainda positivo em relação ao eletrodo de referência – deflexão para baixo; (**c**) eletrodo ativo registrando o potencial que está passando – negativo em relação ao eletrodo de referência – deflexão para cima; (**d, e**) eletrodo ativo novamente positivo em relação ao eletrodo de referência – deflexão volta para baixo/linha de base. (Modificada de Kimura J, em *Electrodiagnosis in Diseases of Nerve and Muscle: Principles and Practice*. 3rd ed. New York: Oxford University Press, 2001. p. 27-38.)

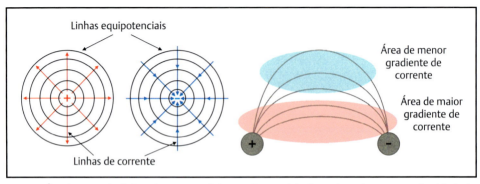

Fig. 3-8. Ânodo e catodo, linhas de corrente, linhas equipotenciais, áreas de maior e menor densidade de corrente.

(sinal captado proveniente do estímulo elétrico, propagado por volume condutor e não pelo nervo) que são mais frequentes nas áreas de maior densidade de corrente.

Na Figura 3-9, um dipolo, os eletrodos A e B, estão localizados em áreas de maior densidade de corrente e os eletrodos C e D estão localizados em área de menor densidade de corrente. O registro da diferença de potencial entre os eletrodos A e E será maior que o registro entre os eletrodos A e B, pois A e E estão em linhas equipotenciais diferentes, enquanto A e B estão na mesma linha equipotencial. Como o sinal diferencial entre A e E é o que determina o registro e ainda será amplificado no amplificador diferencial, quanto maior sua diferença, maior a amplitude do registro.

Os tecidos vivos propagam os potenciais elétricos de forma volumétrica, permitindo que as alterações elétricas sejam detectáveis à distância – este é o conceito de volume condutor, conforme postulado por Lorente de Nó, em 1947, e seu conhecimento é fundamental para compreender todos os registros eletrofisiológicos realizados em tecidos vivos. Tais conceitos serão abordados em detalhe no Capítulo 6 deste livro.

Tais potenciais elétricos gerados podem ser registrados na superfície corporal como monopolos, dipolos e quadrupolos (Fig. 3-10). Exemplos de dipolos e quadrupolos são os registros de eletroencefalografia e de condução nervosa, respectivamente. Os quadrupolos são formados por dois dipolos adjacentes com orientações opostas, de forma terminoterminal, e correspondem apenas ao registro sobre feixes axonais, e sua amplitude decai à razão inversa do cubo da distância (e não à razão inversa do quadrado da distância, como nos monopolos e dipolos).

Em conclusão, o conhecimento dos processos básicos acima apresentados e diretamente envolvidos na geração dos potenciais elétricos é fundamental para o neurofisiologista clínico. Veremos, ainda, que tais conhecimentos são indispensáveis para a compreensão e obtenção de um registro de qualidade, a correção de artefatos e a solução de problemas durante a Monitorização Neurofisiológica Intraoperatória. A compreensão dos capítulos a seguir demanda os conhecimentos aqui apresentados e discutidos.

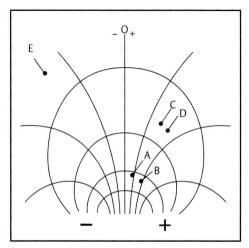

Fig. 3-9. Dipolo e linhas equipotenciais. Com eletrodos de A a E posicionados no campo elétrico.

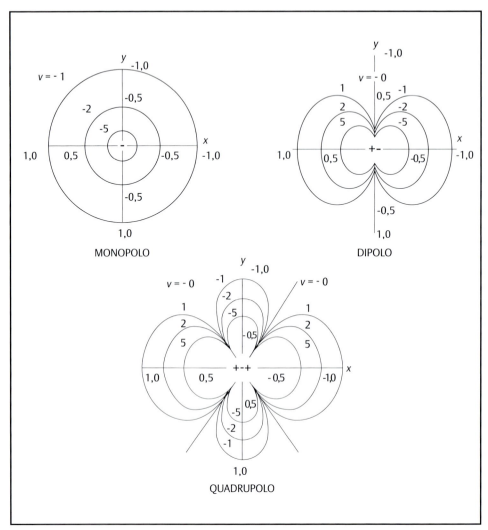

Fig. 3-10. Linhas equipotenciais de volumes condutores de diferentes fontes de distribuição de corrente.

BIBLIOGRAFIA

Dumitru D, Stegeman DF, Zwarts M. Electrical sources and volume conduction. In: Dumitru D, Amato AA, Zwarts M. *Electrodiagnostic medicin*, 2. ed. Philadelphia: Hanley & Belfus; 2002. c. 2. p. 27-68.

Dumitru D, Zwarts M. Instrumentation. In: Dumitru D, Amato AA, Zwarts M. *Electrodiagnostic medicin*, 2.ed. Philadelphia: Hanley & Belfus; 2002. c. 3. p. 69-114.

Kimura J. Electrical properties of nerve and muscle. In: *Electrodiagnosis in diseases of nerve and muscle. Principles and practice*. 3. ed. New York: Oxford University Press; 2001. c. 2. p. 27-38.

Kimura J. Electronic systems and data analysis. In: *Electrodiagnosis in diseases of nerve and muscle. Principles and practice*. 3. ed. New York: Oxford University Press; 2001. c. 2. p. 27-38.

PRINCÍPIOS BÁSICOS DE ELETRICIDADE E INSTRUMENTAÇÃO

CAPÍTULO 4

Manoel de Figueiredo Villarroel
Paulo André Teixeira Kimaid

Grosso modo podemos dizer que a Neurofisiologia Clínica é a área de medicina que analisa o funcionamento do sistema nervoso pelo registro de sua atividade elétrica. Esse registro é obtido por equipamentos eletrônicos dedicados a esta função, e sua análise pressupõe o conhecimento básico dos princípios de eletricidade e de eletrônica envolvidos no processo.

DEFINIÇÕES E CONCEITOS BÁSICOS DE ELETRICIDADE E ELETRÔNICA
Átomo
Chamamos de **átomo** (a – sem; tomo – divisão) a menor quantidade que se pode obter de uma substância simples que possui as propriedades químicas do elemento e que não se subdivide nas transformações químicas. Embora no momento de sua descoberta acreditassem que o átomo seria indivisível, hoje sabemos que o átomo é constituído de partículas subatômicas. O átomo é um sistema estável, eletricamente neutro, constituído por um núcleo denso formado por partículas eletricamente neutras (**nêutrons**) e eletricamente positivas (**prótons**), e uma envolvente formada por partículas eletricamente negativas (**elétrons**) dispostas em orbitais com diferentes números quânticos. É a "movimentação" dos elétrons da sua última camada orbital que permite que alguns destes átomos se tornem "eletricamente carregados", formando os **íons**. Átomos que possuem a capacidade de receber elétrons são carregados positivamente e chamados de **cátions**. Átomos que possuem a capacidade de doar elétrons, são carregados negativamente e chamados de **ânions** (Fig. 4-1).

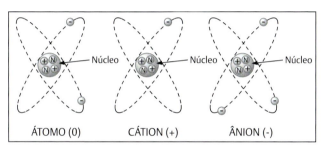

Fig. 4-1. Átomo neutro, cátion (+) e ânion (-).

Carga Elétrica

Entendemos por carga elétrica a grandeza característica de certas partículas que possibilita a interação eletromagnética, podendo tomar valores positivos ou negativos. Vimos logo acima que os átomos eletricamente carregados, os **íons,** podem ser positivos (**cátions**) e negativos (**ânions**). Estes íons funcionam como cargas elétricas. As cargas elétricas de mesmo sinal de repelem e de sinal contrário de atraem. A coesão do **átomo** se deve, em parte, à atração entre as partículas carregadas positivamente em seu núcleo e as partículas carregadas negativamente na forma elementar ou camada de elétrons, que neste caso são iguais. Vimos que nos **íons** a carga vai depender da diferença do número de elétrons e prótons. A unidade de carga elétrica é uma grandeza medida no Sistema Internacional em Coulomb (C), em homenagem ao físico Francês Charles Augustin Coulomb, que descreveu as leis que também levam seu nome. Um Coulomb equivale à carga de $6,24 \times 10^{18}$ elétrons. A carga de um elétron equivale a $1,6 \times 10^{-19}$C, assim como a de um próton, embora possuam sinais opostos.

Força Elétrica

Cargas de mesmo sinal se repelem e cargas de sinal contrário de atraem. Repelir e atrair descrevem uma ação que pressupõe uma força exercida por uma carga em outra carga, a **força elétrica (F)**. Essa força circunda, radialmente, uma carga puntiforme, possuindo a direção para fora no caso de uma carga positiva e para dentro no caso de uma carga negativa (Fig. 4-2). É compreensível que esta força possua menos intensidade quanto mais distante está uma carga da outra. O espaço no qual uma carga exerce uma força elétrica sobre outra carga chamamos de **campo elétrico (E)**. Numericamente podemos representar uma força **F** sobre uma carga **q** em um campo elétrico **E** pela fórmula: ***F = qE***. A partir dessa fórmula, temos que o campo elétrico é igual à força elétrica dividida pela carga: ***E = F/q***.

Potencial Elétrico

O **Potencial Elétrico (V)** é o trabalho necessário para mover uma Carga Elétrica **q** num determinado Campo Elétrico **E**. É razoável compreender que para realizar um trabalho é necessário **Energia (U)**. Essa energia deve ser proporcional à carga **q**. Temos, portanto, que o trabalho, ou potencial elétrico **V** é a energia **U** por unidade de carga **q**: ***V = U/q***. A unidade de medida do potencial elétrico no Sistema Internacional é o Volt, em homenagem ao cientista Italiano Alessandro Volta, inventor da pilha. Um volt equivale a um Joule de

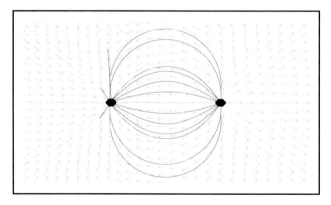

Fig. 4-2. Representação do campo elétrico e das linhas de força entre as cargas.

CAPÍTULO 4 ▪ PRINCÍPIOS BÁSICOS DE ELETRICIDADE E INSTRUMENTAÇÃO **49**

energia por 1 Coulomb de carga. Se tomarmos um Campo Elétrico Uniforme (**E**), a Energia (**U**) requerida para mover uma carga (**q**) também é proporcional à distância movida (**d**). Dessa forma, a diferença de potencial elétrico (**V**) entre dois pontos separados por uma distância (**d**) num campo elétrico uniforme (**E**) é dado por **V = Ed**. Num circuito elétrico, o movimento das cargas só acontecerá de forma contínua, se uma força proporcional for aplicada de modo contínuo. Essa força é chamada de Força Eletromotriz (**FEM**). Ela é medida em Volts (**V**) e pode ser obtida a partir da transformação de energia química em energia elétrica (bateria), da transformação de energia mecânica em elétrica (geradores hidrelétricos, eólicos, termelétricos), entre outras. A taxa de energia (**U**) que um gerador ou uma bateria entregam num determinado tempo (**t**) chamamos de Potência (**P**): **P = ΔU/Δt**. A Potência (**P**) é medida em Watts (**W**) em homenagem ao engenheiro e inventor Escocês James Watt. Um Watt = 1 Joule/1 segundo. A unidade de energia, o Joule (1 J = 1 kgm^2/s^2) é uma homenagem ao físico Inglês James Prescott Joule.

Corrente Elétrica

Entendemos por corrente elétrica (**i**) o movimento ordenado de portadores de cargas que são representados pelos elétrons livres nos condutores sólidos e os cátions e ânions nos condutores eletrolíticos. Essa corrente representa o movimento das cargas elétricas (**q**) em um determinado tempo. Correspondente, portanto, ao fluxo de cargas elétricas, sendo representada por **i = Δq/Δt**. A corrente elétrica é medida em Ampère, em homenagem ao físico Francês André-Marie Ampère. Um Ampère equivale ao fluxo de 1 Coulomb por segundo. Para haver movimento de cargas (corrente elétrica), precisamos antes de mais nada de um meio no qual essas cargas possam fluir, o **condutor**. Esse condutor deve ser uma substância que possui cargas livres para que possam ser colocadas em movimento. Vimos acima que para haver movimento de cargas (corrente elétrica) é necessário aplicar uma força proporcional a essa carga (força eletromotriz). Criando-se um campo elétrico (circuito) as cargas irão fluir através do condutor. Um exemplo disso pode ser verificado com uma experiência muito simples: o sal de cozinha (cloreto de sódio) se torna ionizado no meio aquoso (H_2O). Os cátions Na^+ e os ânions Cl^- estão "misturados" na solução salina. Quando submetemos essa solução a um campo elétrico, os cátions (Na^+) se movem na direção do campo elétrico e os ânions (Cl^-) se movem na direção contrária. Por convenção, embora o fluxo seja de elétrons (cargas negativas), a direção do campo elétrico é determinada pelo movimento das cargas positivas (sentido contrário). Um fio metálico pode conduzir a corrente elétrica. Chamamos de densidade de corrente (**J**) a quantidade de corrente elétrica (**i**) dividida pela área de secção transversal do condutor (**S**) é dada por **J = i/S**.

Resistores

Em um condutor ideal, o fluxo de cargas seria livre, sem perda de energia, o que não acontece para as substâncias condutoras conhecidas. O fluxo de cargas elétricas num condutor real sofre atrito, e a consequente perda de energia, chamamos de **Resistência**. Cada substância condutora oferece alguma intensidade de resistência à passagem das cargas elétricas (**resistividade – ρ**). A resistividade ou resistência elétrica específica de um material a 20ºC é uma constante que difere para cada substância e é dada pela fórmula: **ρ = RS/L** (onde R: resistência; S: área e L: comprimento). Um condutor pode dificultar a passagem da corrente elétrica, tornando-se o que chamamos de **Resistor**. Diferente da resistividade que é uma característica própria de cada substância, a Resistência (**R**) é a razão da diferença de potencial elétrico através de um resistor (**V**) pelo fluxo de corrente (**i**): **R = V/i** (primeira lei de Ohm). Um condutor é chamado linear quando o campo elétrico que ocasiona o fluxo de cargas é proporcional à sua secção transversal. Os condutores lineares obedecem à lei de Ohm. A **Resistência** depende da geometria do resistor e do material do qual ele é feito. A Unidade de medida da resistência é o Ohm, em homenagem ao físico Alemão Georg Simon Ohm (1 Ohm = 1 Volt/1 Ampère ou $1 \Omega = 1$ V/A). A resistência **R** ao longo de um condutor cilíndrico de comprimento **L**, área de secção **S** e resistividade **ρ** é dada por: **R = ρL/S**. Tomando por base que um resistor é um condutor, podemos falar de condutividade em vez de resistência. Quanto maior a resistência, menor será a condutividade e vice-versa. Podemos representar a condutividade de uma substância como **σ = 1/ρ**. Considerando que **ρ = RS/L**, então temos que **σ = L/RS**. A condutância (**G**) aplicada ao resistor é o inverso da resistência (**R**), ou seja, **G = 1/R**, ou ainda, adotando a lei de Ohm, **G = i/V**.

Capacitores

O capacitor é um componente que armazena carga elétrica. Ele geralmente é constituído por dois condutores separados por um isolante (dielétrico). A capacitância (**C**) é proporcional à quantidade de carga **q** armazenada no capacitor e à diferença de potencial **V** através dele: **q = CV**. A unidade de **Capacitância** é o Farad, em homenagem ao físico Inglês Michael Faraday, e equivale a 1 Coulomb por Volt (**C = q/V**).

Indutores (Solenoides, Bobinas ou Eletromagnetos)

Chamamos de Indutores os componentes capazes de gerar um campo magnético quando uma corrente os percorre. Fisicamente o indutor é constituído por um condutor (fio) enrolado ao redor de um núcleo metálico, que pode ser níquel, cobalto ou ferro, e possui como propriedade a **Indutância**, que se assemelha à inércia (mecânica). O indutor, portanto, resiste à mudança de corrente. Melhor dizendo, quando há mudança no fluxo da corrente que atravessa o indutor, ocorre uma força eletromotriz (FEM) contrária à essa mudança da corrente. Assim, a diferença de potencial (**V**) através de um indutor é proporcional à taxa de mudança da corrente (**i**) no indutor: **V = - L (Δi/Δt)**, onde L é a Indutância e o sinal negativo indica a direção contrária à da mudança de corrente. A Indutância é medida em Henrys (**H**) em homenagem ao cientista norte-americano Joseph Henry (1H = 1Volt segundo por 1Ampère).

Circuitos

Chamamos de Circuito, uma alça fechada ou uma série de alças fechadas constituídas por componentes conectados por fios condutores como o da Figura 4-3, onde podemos identificar os componentes referidos neste capítulo: um gerador ou uma fonte eletromotriz, um resistor, um capacitor e um indutor ou solenoide.

Os elementos de um circuito podem estar em série ou paralelo. No **circuito em série** (**divisor de tensão**), os componentes estão ligados sequencialmente numa única malha (Fig. 4-3a). A corrente (**i**), que flui através de cada componente é a mesma, mas a tensão (**V**) pode ser diferente em cada componente, dependendo da resistência de cada um. Nesse circuito, a soma algébrica de todas as tensões ao longo de qualquer caminho fechado do circuito é zero (Lei das tensões de Kirchhoff). No **circuito em paralelo** (**divisor de corrente**), como o próprio nome diz, os componentes assumem uma posição em paralelo (Fig. 4-3b). A corrente (**i**) se divide entre os vários componentes do circuito, no entanto, a tensão é a mesma.

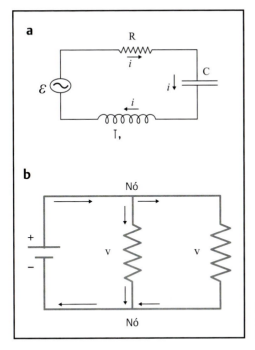

Fig. 4-3. (**a**) Circuito com um gerador, um resistor, um capacitor e um indutor em série. (**b**) Circuito em paralelo (divisor de corrente).

A soma das intensidades das correntes que chegam a um nó, ponto do circuito em que dois ou mais terminais estejam ligados, é igual à soma das intensidades das correntes que saem dele. Em resumo, num circuito fechado, a soma algébrica das mudanças sofridas pela corrente ao passar em cada componente até chegarmos de novo ao ponto de partida deverá ser igual a zero. Para que isso seja possível, existem algumas regras que devem ser observadas:

1. Quando um resistor é atravessado no sentido da corrente (da placa positiva para a negativa = sentido convencional da corrente), a mudança de potencial será **− iR**; e no sentido oposto será **+ iR**.
2. Quando um capacitor é atravessado no sentido da corrente (da placa positiva para a negativa), a mudança de potencial é **− q/C**; no sentido oposto é **+ q/C.**
3. Quando um indutor é atravessado no sentido da corrente (da placa positiva para a negativa), a mudança do potencial é **− L (di/dt)**; no sentido oposto é **+ L (di/dt)**.
4. Quando um gerador é atravessado por uma força eletromotriz no sentido do terminal negativo para o positivo (sentido verdadeiro da corrente) a mudança de potencial é **+ ε**; no sentido oposto é **- ε**.
5. Ao se adotar um sentido de corrente (convencional ou verdadeiro) em um circuito, ela deve ser mantida em todos os demais circuitos do sistema.

Aplicando-se o que acabamos de aprender ao circuito da Figura 4-3, teremos:

$$+\varepsilon - iR - \frac{q}{C} - L\left(\frac{di}{dt}\right) = 0 \quad \longrightarrow \quad \varepsilon = iR + \frac{q}{C} + L\left(\frac{di}{dt}\right)$$

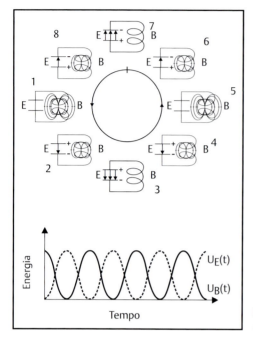

Fig. 4-6. Circuito LC e curvas de carga e corrente (funções cosseno e seno do tempo).

indutor e um capacitor em série. Nestes circuitos, se omitimos o gerador de corrente alternada, pela presença do resistor, que dissipa parte da energia do sistema, a oscilação é progressivamente atenuada caindo exponencialmente a zero, diferente do que vimos no circuito LC. Mantendo-se o gerador de corrente alternada – AC (ou seja, a força eletromotriz) suprindo o circuito à frequência de 60 Hz, o fluxo de corrente varia também de forma sinusoidal com a mesma frequência. A impedância no circuito de corrente alternada é semelhante à resistência no circuito de corrente contínua. A impedância é determinada pela indutância, pela capacitância e pela resistência, e é função da frequência da Força Eletromotriz.

Corrente RMS

Não se pode utilizar a média simples dos potenciais e correntes em circuitos AC, pois a soma das amplitudes positiva e negativa resultaria em média zero a cada ciclo. Desta forma, utilizamos a raiz quadrada da média dos quadrados, pois o quadrado de uma quantidade, seja positiva ou negativa, sempre resultará positiva. Invariavelmente se chegará no resultado aqui demonstrado: O valor RMS de uma corrente ou tensão (voltagem) com variação alternada sinusoidal é a amplitude máxima dividida pela raiz quadrada de 2 (ou amplitude máxima × 0,7), que é igual a voltagem ou corrente equivalente a uma corrente contínua. Assim, quando se registra, em uma tomada, tensão de 110 V, ou seja, 110 Vrms, significa que esse é o trabalho e energia equivalente a 100V de uma corrente contínua. No Brasil, as redes são de 110V e 220V, o que pode ser traduzido por ciclos de corrente alternada com amplitudes que variam de +155 a -155 e +311 a -311, respectivamente.

Vimos que a impedância depende da resistência, da capacitância, da indutância e é função da frequência. Em geral a impedância é constituída de 3 partes: a resistência, a reatância capacitiva e a reatância indutiva. No início do capítulo conceituamos a Resistência. A reatância capacitiva é a oposição que o capacitor oferece ao fluxo de corrente alternada (AC). A reatância capacitiva é inversamente proporcional à capacitância e à frequência, e é dada pela fórmula $X_c = \frac{1}{2\pi fC}$. Ela aumenta progressivamente quando as frequências são mais baixas e se torna infinita quando a frequência é zero. A reatância indutiva é a oposição que o indutor oferece ao fluxo de corrente AC. A reatância indutiva é diretamente proporcional à indutância e à frequência, e é dada pela fórmula $X_L = 2\pi fL$. Ela é igual a zero quando a indutância é zero e aumenta progressivamente com o aumento da frequência.

O cálculo da impedância pode ser representado por um triangulo retângulo, onde a impedância é a hipotenusa, a resistência é um cateto e a diferença entre a reatância indutiva e a capacitiva é o outro cateto. Aplicando-se o teorema de Pitágoras temos que a soma do quadrado dos catetos é igual ao quadrado da hipotenusa. Neste caso, a impedância do circuito LRC é mínima quando a reatância capacitiva for igual à reatância indutiva.

A pergunta que costumo ouvir nesse momento é: onde isso se encaixa na Neurofisiologia Clínica? Seguiremos adiante e entenderemos.

Filtros
Filtros Passa-Alta ou Filtros de Baixa Frequência
Os filtros de passa alta, ou filtros de baixa frequência se assemelham a circuitos RC com capacitor e resistor em série (sinal de saída medida no resistor) ou circuitos RL com resistor e indutor em série (sinal de saída medido no indutor). A forma do pulso quadrado de calibração após sua passagem pelo filtro de passa-alta é determinada pelo comportamento do circuito RC. Calculando a impedância do filtro obteremos o valor de sua tensão de saída em resposta a uma entrada sinusoidal (como a da corrente alternada). A tensão de saída é atenuada nas frequências baixas e mantida nas altas. A frequência de corte do filtro é aquela na qual o fator de atenuação é 0,707. Ela é, no circuito RC, o resultado de $1/2\pi RC$. No circuito RL a frequência de corte é o resultado de $R/2\pi L$. Na Figura 4-7, vemos os sinais de calibração parte de cima e o resultado da passagem pelo filtro de passa alta, parte de baixo.

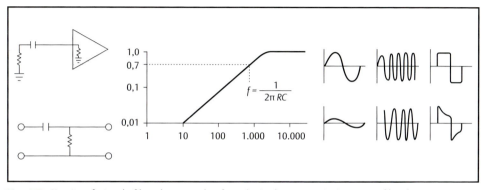

Fig. 4-7. Circuito efetivo do filtro de passa-alta, frequência de corte e sinais testes e filtrados.

eletrônico. O ganho de um amplificador é limitado, mas, os amplificadores que usamos possuem muitos estágios de amplificação e até mesmo pré-amplificadores que potencializam a amplificação para se obter o ganho da magnitude desejada. Os amplificadores diferenciais são os mais utilizados em Neurofisiologia Clínica. Numa situação ideal, eles amplificam apenas a diferença de potencial entre duas entradas, atenuando o ruído comum do sistema. Utilizam dois transistores amplificadores conectados a fontes de energia com polaridades opostas. Na prática, amplificadores não são perfeitamente simétricos, o que significa que o amplificador apresenta uma tensão de saída mesmo que as duas entradas tenham o mesmo potencial – modo comum.

CMMR é a sigla em inglês para razão de rejeição de modo comum, ou razão entre o ganho de modo diferencial e o ganho de modo comum. Nos amplificadores diferenciais, no caso de impedância numa entrada ser muito alta em relação à outra, o eletrodo "terra" passa a ser a entrada, introduzindo o artefato ou ruído no traçado que se pretende registrar: num EEG por exemplo.

PRINCÍPIOS BÁSICOS DE INSTRUMENTAÇÃO

O sinal eletrofisiológico em Neurofisiologia Clínica origina-se do fluxo iônico no sistema nervoso central, no periférico ou nos músculos. O registro é obtido pelo processo de captação e enviado para processamento. Após essa etapa ele é enviado para apresentação em um formato gráfico ou sonoro para que possa ser interpretado. A interpretação destes grafo-elementos nos permite inferir a respeito da sua eletrogênese. Passaremos a discutir cada um desses processos e os principais elementos envolvidos.

Captação do Sinal Biológico

A primeira etapa no processo de avaliação do sinal eletrofisiológico é sua captação. Isso é feito por meio de substâncias condutivas que serão colocadas na proximidade do tecido neural ou muscular, os eletrodos. Após essa captação, a diferença de potencial entre dois eletrodos, ou simplesmente montagens, serão amplificadas e enviadas para os filtros. Após os filtros, os sinais passam para conversores analógico digitais e são apresentados para leitura, seja no papel ou no display. Nos dias de hoje, os sinais digitalizados podem ser armazenados em mídia eletrônica para análise posterior. Os eletrodos são responsáveis pela captação do sinal biológico, seja ele espontâneo como o eletroencefalograma ou uma resposta a um estímulo padronizado como o potencial evocado. A diferença de potencial entre dois pontos (ddp) pode ser medida por meio destes eletrodos. Os eletrodos que compõem essa montagem por convenção são chamados de G1 ou *input* 1, ou E1, ou **ativo** e G2, *input* 2, E2 ou **referência**. É importante salientar que ambos os eletrodos são ativos, portanto, o uso da nomenclatura **ativo** e **referência** não deve ser considerado. Os potenciais medidos precisam de uma referência, para efeito de comparação, que se aproxime do ZERO (que seria o ideal).

Chassi é a estrutura metálica do equipamento (a caixa que protege os componentes eletrônicos). O equipamento possui circuitos que estão conectados com a caixa do equipamento. O potencial do chassi pode ser utilizado para comparação, mas não pode ser chamado de Terra. O solo, teoricamente, é eletricamente neutro e geralmente é utilizado como uma via infinita de retorno das cargas à Terra, sendo considerado a referência zero ideal. Tomemos como exemplo o sinal biológico que ocorre no córtex cerebral. Para que ele seja registrado no couro cabeludo pelos eletrodos ali colocados, este sinal deve atravessar diversos tecidos diferentes, com membranas celulares diferentes, e que podem ser traduzidos como um circuito eletrônico como este da Figura 4-10. Os capacitores formados pelas membranas celulares a as resistências dos diferentes tecidos formam um circuito que atenua as amplitudes e os sinais de alta frequência.

Os eletrodos podem ser: de superfície ou de agulha. Os eletrodos de superfície são formados por discos metálicos cobertos com substância eletrolítica (gel ou pasta condutora) na interface pele-eletrodo e colocados sobre a pele. Os eletrodos de agulha são metálicos e serão envoltos pelo fluido extracelular em sua interface com o tecido onde está inserido. A interação do metal com o eletrólito ou com o fluido extracelular permite a troca de íons, gerando um fluxo de corrente. Esse fluxo é constante, unidirecional e igual nos eletrodos G1 e G2, apresentando frequência igual a zero, o que chamamos de efeito bateria. Chamamos de potencial de corrente direta ou DC (do inglês, *direct current*). Antigamente essa corrente era chamada de corrente galvânica em homenagem e Luigi Galvani (físico e biólogo italiano que descobriu a *eletricidade animal*). A impedância dos eletrodos deve ser mantida abaixo de 5 k ohm nos eletrodos G1 e G2, devendo-se cuidar para que não ocorra uma diferença muito grande entre a impedância de um e de outro mesmo abaixo deste valor. A impedância alta reduz ainda mais a amplitude do sinal e aumenta a amplitude do

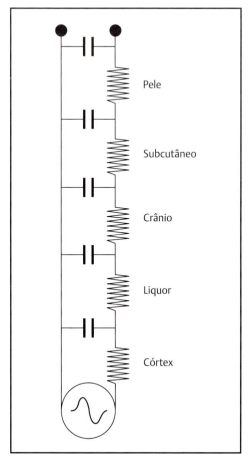

Fig. 4-10. Barreiras naturais à passagem do sinal do EEG atenuam frequências altas.

ruído. Também é possível compreender que o desequilíbrio entre as impedâncias de G1 e G2 ocasione a polarização da montagem, originando por si só um ruído. Em neurofisiologia se convencionou que uma deflexão para baixo chamamos de positiva e para cima de negativa. Sabendo que tanto G1 quanto G2 são ativos, uma deflexão para baixo, ou positiva, significa que a ddp resultante é positiva. Uma ddp positiva pode ocorrer quando G1 é mais positivo que G2 ou quando G2 é mais negativo que G1. Nas duas situações, a ddp G1 menos G2 é positiva.

Estimulação

Vimos que podemos utilizar os eletrodos para registro de sinais biológicos, mas os eletrodos também podem ser utilizados como estimuladores. O sistema de estimulação entrega uma corrente ou uma tensão nos eletrodos, que por sua vez conduz o estímulo até o tecido que se deseja estimular: nervos, músculos, córtex cerebral, por exemplo. Todos os potenciais evocados utilizam estímulos padronizados capazes de desencadear respostas sincronizadas relacionadas temporalmente com esse estímulo. Veremos cada um desses estimuladores no momento que abordarmos individualmente cada uma das técnicas. Neste momento falaremos apenas dos estimuladores elétricos. Os estímulos elétricos são realizados por meio de um ou mais pulsos quadrados, que podem ou não ser sincronizados. O arranjo desses pulsos determina o modo de estímulo. Os estimuladores podem ainda ser de voltagem constante ou de corrente constante. Alguns tratamentos fisioterápicos utilizam estimulações elétricas, podendo utilizar corrente galvânica (corrente contínua) ou farádica (corrente alternada). Os estimuladores também podem ser classificados conforme sua precisão. Os equipamentos utilizados para o registro de potenciais evocados são capazes de realizar estímulos com intensidades que variam de 0,1 mA a 100 mA na estimulação periférica e até 1,5 A na estimulação transcraniana; esses estímulos podem ter duração de 50 a 1.000 µs. Um estímulo pode ser representado por um pulso quadrado cuja altura é dada pela intensidade e a largura pela duração. A área do pulso quadrado intensidade multiplicada pela duração resulta na potência do estímulo. Os pulsos quadrados dos estímulos podem ser organizados de acordo com sua fase (normal ou negativo, para cima - monofásico; e invertido, ou positivo, para baixo também monofásico). Podem ainda apresentar duas fases (bifásico) negativo-positivo ou positivo-negativo. Podem ser organizados em trens de pulsos quadrados com intervalos fixos entre eles, e podem ser organizados em dois ou mais trens de pulsos quadrados. Nestes casos, costumamos utilizar pulsos monofásicos. A curva de intensidade e duração, ou curva de potência representada na Figura 4-11, introduz dois conceitos importantes em neurofisiologia clínica: o de Reobase e o de Cronaxia. Entendemos por reobase a menor intensidade de estímulo necessária para obter um potencial de ação quando a duração do estímulo tende ao infinito (em neurofisiologia clínica esta duração será maior que 500 ms). E, entendemos por cronaxia a duração do estímulo quando utilizamos uma intensidade equivalente a duas vezes a reobase. Diferentes diâmetros de fibras possuem reobase e cronaxia diferentes. A excitabilidade será maior quanto mais próxima aos eixos estiver a curva, e menor quanto mais distante. Adotando a classificação de Erlanger e Gasser, as fibras tipo A são mais excitáveis que fibras tipo C. Estes conceitos podem ser bem compreendidos quando tomamos o exemplo do reflexo H. Este reflexo monossináptico possui uma alça aferente constituída por fibras tipo I-b mielinizadas de grosso calibre e uma alça eferente constituída pelo motoneurônio alfa que, embora também seja mielinizado, possui calibre menor que as fibras I-b. Tomando-se a diferença no calibre destas fibras sensitivas e motoras observamos que

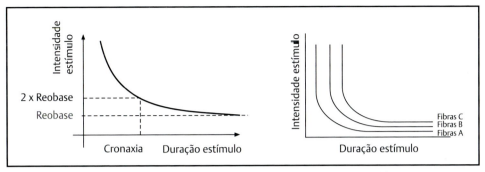

Fig. 4-11. Curvas de potência, cronaxia e reobase e sua relação com o diâmetro de fibras.

possuem reobase e cronaxia diferentes. Utilizando uma mesma duração do estímulo, a menor resistência de entrada das fibras sensitivas possibilita registro de um PAMC com intensidade menor que a das fibras motoras. Se não houvesse essa propriedade, não seria possível o registro do reflexo H.

Na prática clínica e no centro cirúrgico, raramente o estímulo é aplicado diretamente sobre o nervo periférico ou o córtex. Na maior parte dos casos aplicamos o estímulo no tecido circunvizinho: pele e subcutâneo no caso do nervo periférico, e crânio, meninges, líquor além da pele e subcutâneo no caso do córtex cerebral. O circuito resultante se assemelha ao que vimos na exposição sobre eletrodos. No caso do estímulo transcraniano, por exemplo, sabemos que a corrente aplicada no eletrodo é cerca de 20 a 30 vezes maior que aquela que alcança o córtex. Vários fatores podem interferir na Reobase: resistência da pele, subcutâneo e outros tecidos subjacentes; edema e inflamação; isquemia e dor subjacente; temperatura, posição dos eletrodos e volume do tecido subcutâneo; lesão ou doença da via neural; reinervação;

Quando aplicamos uma corrente por um estimulador no tecido circunvizinho ao nervo, o tempo de carregamento e descarregamento ocorrerá observando as propriedades condutivas, resistivas e capacitivas do local. Podemos representá-las num circuito como o da Figura 4-12. Quanto maior a duração do estímulo, maior será o tempo de carregamento e maior será o artefato de estímulo. O artefato de estímulo é o grafoelemento registrado como resultado da corrente armazenada neste tecido. Quando tomamos distâncias muito curtas entre eletrodos estimuladores e eletrodos de registro, o aumento da duração do estímulo está associado ao incremento desse grafoelemento, podendo dificultar a identificação do sinal desejado no registro gráfico.

Os estimuladores de corrente constante são aqueles que utilizamos para estimular os nervos periféricos na eletroneuromiografia ou no potencial evocado somatossensitivo. Ao injetamos uma corrente negativa logo abaixo do catodo, este despolariza a membrana axonal naquele ponto, gerando um potencial eletrotônico. Este se propaga como potencial de ação. O comportamento se traduz neste circuito, e aplicando-se a lei de Ohm, temos que a corrente é igual à tensão dividida pela impedância resultante do tecido circunvizinho ao nervo. Sendo a corrente constante, a impedância elevada necessitará de uma tensão maior. Os estimuladores de voltagem constante são aqueles que utilizamos para estimular os nervos cranianos com baixa voltagem no campo operatório. Ao injetamos uma tensão negativa logo abaixo do catodo, este despolariza a membrana axonal naquele ponto, gerando um potencial eletrotônico. Este se propaga como potencial de ação. O comportamento se

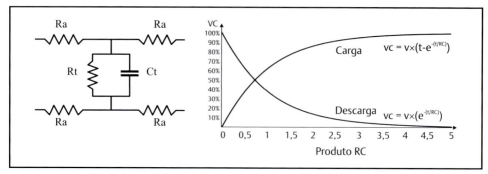

Fig. 4-12. Circuito representando o tecido circunvizinho ao nervo e membrana axonal, e gráfico da porcentagem de carga ao longo do tempo.

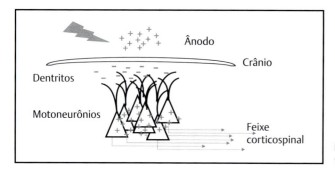

Fig. 4-13. Estimulação anódica transcraniana.

traduz, também, num circuito, e, aplicando-se a lei de Ohm, temos que a tensão será igual à corrente multiplicada pela impedância da pele. Sendo a voltagem constante, impedância da pele elevada ocasionará uma corrente menor. Os estimuladores de voltagem constante são utilizados também para estimular o córtex cerebral no que chamamos de **Potencial Evocado Motor**. Essa estimulação é anódica ou anodal. Ao injetamos uma tensão positiva no crânio logo abaixo do anodo, um gradiente elétrico negativo se forma na ramificação dendrítica apical dos motoneurônios, e corpo neuronal e o cone de implantação axonal do motoneurônio se despolariza dando origem a um potencial de ação (Fig. 4-13). Este se propaga pelo feixe corticospinal. O comportamento pode ser representado como nos exemplos anteriores: num circuito. Aplicando-se a lei de Ohm, temos que a tensão será igual à corrente multiplicada pela impedância da pele. Sendo a voltagem constante, a impedância da pele elevada ocasionará uma corrente menor.

Processamento do Sinal Captado
Vamos agora falar sobre o processamento do sinal captado. Começaremos pelos amplificadores. Como seu nome já diz, os amplificadores são os responsáveis por aumentar o tamanho do sinal biológico que os eletrodos captaram.

Amplificadores
Vimos que os amplificadores são o resultado do arranjo de transistores de junção que possuem camadas de semicondutores que podem ter sua condutividade controlada pelo

CAPÍTULO 4 • PRINCÍPIOS BÁSICOS DE ELETRICIDADE E INSTRUMENTAÇÃO

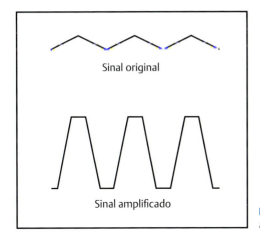

Fig. 4-14. Distorção de linearidade do sinal original amplificado.

processo de "dopagem". A função do amplificador é aumentar a amplitude (ou voltagem) do sinal eletrofisiológico captado. O ganho do amplificador é a relação entre o sinal de saída sobre o sinal de entrada. Exemplo: um sinal que entra com 5 μV e sai com 100 μV possui um ganho de 20 vezes. A sensibilidade é a relação entre a voltagem medida e a deflexão observada na interface gráfica. Ou seja, este sinal de 100 μV pode ter 1 ou 5 cm na tela (é a escala). Os amplificadores possuem certa linearidade. O ganho de um amplificador independe da amplitude do sinal. A falta de linearidade de um amplificador pode causar uma distorção não linear e a saturação. Na Figura 4-14, à esquerda temos um sinal original ligeiramente achatado que após uma amplificação mostra ausência de linearidade, completa distorção do traçado resultando em saturação.

O arranjo dos amplificadores pode ainda permitir a atenuação de sinais comuns a ambas as entradas (G1 e G2). A capacidade de atenuação do sinal de modo comum é chamada de taxa de rejeição do modo comum, ou do inglês, *common mode rejection ratio* (CMMR). Essa taxa deve ser maior que 10.000:1, ou na escala logarítmica, 80 dB. Por não se tratar de um circuito ideal, e por ser composto de transistores, estes últimos semicondutores, o amplificador possui uma impedância também, aqui representada por ZA. A impedância do amplificador deve ser maior que 100 MΩ para que quase todo o sinal biológico registrado (voltagem) atravesse as entradas do amplificador. Lembrando que as impedâncias do paciente e do amplificador estão dispostas em série, a tensão em cada "resistor equivalente" será proporcional à sua impedância. Neste caso, apenas 10^{-5} volts passarão pelo paciente, assegurando que o sinal na saída seja uma representação verdadeira do sinal da entrada.

Conversor Analógico Digital

Há alguns anos atrás, imaginar que um equipamento fosse capaz de registrar simultaneamente diversos tipos de sinais biológicos de forma que pudessem armazená-los, modificá-los ou, como dizemos corriqueiramente, "tratá-los" em uma segunda etapa, seria pouco provável. Mas, a digitalização, processo pelo qual transformamos um sinal analógico em um sinal digital, é hoje uma das partes mais importantes dos equipamentos modernos, sendo pouco difícil imaginar como seria nossa vida sem ela. A compreensão desta etapa do processamento do sinal tornou-se obrigatória para o neurofisiologista clínico. Vamos então entender como funciona o conversor analógico-digital. O processo de digitalização torna mais fácil obter, armazenar, recuperar e ver dados neurofisiológicos, permite extrair informações não obtidas com a análise visual isolada, quantificar características chaves do traçado obtido, comparar avaliações seriadas em tempos distintos e analisar quase que automaticamente os estudos eletrofisiológicos. Entendemos por sinal analógico, qualquer potencial que seja diretamente proporcional à quantidade medida. Eles são contínuos (função do tempo). Os sinais digitais representam um de dois possíveis "estados" ou dígitos 0 ou 1. Os sinais digitais são discretos e descontínuos, pois as mudanças de um estado para outro só ocorrem a tempos específicos. A conversão analógico-digital é, portanto, o processo no qual sinais analógicos são transformados em sinais digitais. Ela compreende duas etapas: quantização e amostragem. A **Quantização** é a etapa na qual se atribui um "endereço digital" (número) ao potencial instantâneo do sinal. São parâmetros importantes: o tamanho do quantum (potencial mínimo); o número de bits (em geral 9-16) e a faixa de entrada (máximo e mínimo). A amostragem é a etapa na qual a conversão ocorre a pequenas distâncias de intervalo de tempo. São parâmetros importantes: o intervalo de amostragem (depende da resolução do conversor); a frequência de amostragem (recíproco do intervalo de amostragem medido em Hz). Outro conceito importante é dado pelo teorema de Nyquist: a frequência de amostragem de um sinal analógico, para que possa posteriormente ser reconstituído com o mínimo de perda de informação, deve ser igual ou maior a duas vezes a maior frequência do espectro desse sinal. A amostragem a uma frequência inferior ao dobro da frequência Nyquist produz *aliasing* (distorção do sinal), que pode ser evitada filtrando-se o sinal antes de digitalizá-lo (Fig. 4-15).

Entre as ferramentas que o conversor analógico digital nos propicia estão: a janela de rejeição, pela qual estabelecemos os limites do sinal que desejamos analisar; a promediação ou, do inglês, *averaging*, que executa a média aritmética dos sinais obtidos; os filtros digitais; as análises no domínio do tempo e da frequência, como o intervalo, que determina a frequência de repetição; a auto correlação, que reconhece o ritmo dominante; e a espectral, que resulta da soma de funções trigonométricas.

Filtros

Antes mesmo do advento da digitalização, os filtros já eram parte integrante da disciplina de Instrumentação em Neurofisiologia Clínica. A função dos filtros é selecionar dentre um conjunto, aquilo que se pretende analisar. Em neurofisiologia podemos filtrar um sinal

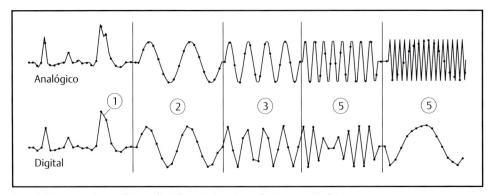

Fig. 4-15. Conversão analógico-digital e a distorção ou fenômeno de *aliasing*.

biológico que se encontra camuflado no meio de muitos outros sinais para poder analisá-lo melhor. Mas, para utilizarmos os filtros, precisamos conhecer as frequências que compõem os sinais biológicos que pretendemos analisar (ou eliminar) do meu registro. O sinal eletromiográfico, por exemplo, possui frequências de 10 a 15 KHz, do sinal do EEG de 0,5 a 100 Hz. Sinais mais pontiagudos (curta duração) são constituídos por frequências mais altas, como os agudos do som, enquanto que sinais de mais "arredondados" (longa duração) são constituídos por frequências mais baixas, como os graves do som. Os filtros podem ser analógicos, quando seu processamento é eletrônico. Esses filtros distorcem o sinal próximo às frequências de corte e possuem propriedades que se modificam com a temperatura. Também estão suscetíveis ao desgaste e à distorção de fase. Já os filtros digitais possuem processamento matemático realizado por meio de *software*. Esses filtros removem abruptamente sinais nas frequências de corte, suas propriedades são constantes. Estão sujeitos ao *aliasing* quando utilizamos frequências de amostragem baixas e distorções digitais. Filtros analógicos ou digitais podem ser classificados de acordo com as suas características em: filtros de baixa frequência, ou passa-alta; filtros de alta frequência, ou passa-baixa; filtros de rejeição de banda ou entalhe, conhecido também pelo termo inglês de Notch, que tem como objetivo o bloqueio seletivo das frequências de 60 Hz; filtro de pente, que bloqueia também as frequências harmônicas de 60 Hz – 60, 120, 180, 240, e daí por diante. A função de todos esses filtros é diminuir, ou eliminar o nível de interferência de rede e outros sinais biológicos não desejados. Mas, atente para o fato de que muitas destas frequências são de interesse para o neurofisiologista, e esses filtros podem ocasionar distorção do sinal que pretendemos registrar. Os equipamentos modernos possuem filtros digitais excelentes, como o Brick-Wall, ou filtro de parede, que são filtros eletrônicos que permitem acentuar a inclinação (*slope*) das curvas de corte das frequências dos filtros de passa banda (usualmente de -3 dB). Eles são classificados de acordo com a intensidade de inclinação e corte, por exemplo: Um filtro de parede de primeira ordem possui corte de -6 dB por oitava; num filtro de alta de 3.000 Hz, estará presente metade da atividade a 6.000 Hz e um quarto a 12.000 Hz. Já um filtro de parede de segunda ordem possui corte de -12 dB por oitava, o de 3ª ordem de -18 dB por oitava, e assim por diante. Vemos na Figura 4-16 um gráfico que facilita a compreensão do que acabamos de falar. O ideal seria que as frequências não desejadas fossem eliminadas subitamente, o que não acontece com os filtros reais. Na Figura 4-16a, observamos o corte ideal e o atual de -3 dB. Na Figura 4-16b, um filtro de 2ª ordem que acentua a inclinação da curva (em vermelho). Os filtros digitais

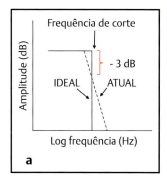

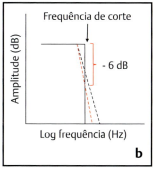

Fig. 4-16. (**a**, **b**) Efeitos do filtro de parede.

Ruídos, Artefatos e Interferências

O objetivo de tudo que vimos até o momento é o registro de um sinal biológico confiável, reprodutível e comparável. O domínio da técnica de registro demanda o conhecimento, não apenas de todo esse processamento, mas também das propriedades do sinal que se deseja registrar e do sinal que **não** se deseja registrar. Entre os sinais indesejáveis estão os ruídos, os artefatos e as interferências. Isso mesmo, ruídos são conceitualmente diferentes de artefatos, embora muitas vezes sejam compreendidos como a mesma coisa. Toda atividade elétrica indesejável pode ser um ruído, um artefato ou uma interferência. Um sinal biológico pode ser entendido como ruído, como é o caso do EEG quando queremos registrar os potenciais evocados. O ruído, senso estrito sempre vai estar presente (exemplo disso é o ruído do sistema); os artefatos podem ter origem no paciente ou no sistema (artefato do batimento cardíaco ou o piscar dos olhos no registro do EEG, por exemplo); e finalmente chamamos de interferência quando a origem é externa ao "sistema equipamento-paciente", como a interferência de um motor elétrico ligado à rede. O ruído senso estrito se origina no amplificador e nos eletrodos. Existem outros tipos de ruídos em neurofisiologia clínica, como o ruído branco decorrente da agitação térmica dos elétrons, energia constante em todas as frequências. O nome decorre da comparação com as ondas da luz branca, que é a soma de todas as demais frequências cromáticas. Ruído rosa é gerado pelos resistores e sua energia é o inverso da frequência: quanto maior a frequência, menor a energia. O ruído vermelho é desencadeado pelo movimento browniano das partículas num meio liquido ou gasoso. Os artefatos podem ser originados a partir de impulsos: movimento, descarga elétrica, eletromiografia, fio partido, entre outros. Eles podem ser sincronizados, muitas vezes dificultando a interpretação do sinal a ser examinado. Podem se originar de estimuladores, processadores, piscamento, eletrocardiograma, marca-passos, sudorese, por exemplo. Alguns exemplos de interferências são a rede de corrente alternada (60 Hz), lâmpadas fluorescentes, interruptores, motores elétricos, computadores, rádios, celulares e comunicadores. A interferência depende das propriedades capacitivas do paciente, e esta, da distância da fonte geradora, da área (por exemplo uma maca metálica), da impedância do fio terra, do balanceamento adequado dos eletrodos. Os cabos dos eletrodos são muito bons condutores e podem funcionar como um receptor de sinal externo, efeito que chamamos de "**antena**". Isso mesmo, funcionam como uma antena. Para resolver isso, os cabos geralmente são curtos, torcidos ou blindados. Um recurso muito utilizado no passado era a gaiola de Faraday, literalmente uma gaiola de cobre gigante aterrada cujo objetivo era eliminar essas interferências externas. A alimentação elétrica ou o fio terra podem também ser a causa das interferências, pois muitas vezes **não** existe **aterramento** ou ele é compartilhado com outras tomadas (entenda-se outros equipamentos ou máquinas) assim como suas linhas de força. A solução neste caso, seria a alimentação por linha de força dedicada (exclusiva e Terra exclusivo (único). Esse assunto será melhor detalhado no capítulo a seguir, sobre segurança elétrica. É fundamental para o registro adequado do sinal a ser analisado que se conheça a relação entre a amplitude do sinal e a amplitude do ruído. Consideramos inadequada para análise uma relação sinal ruído menor do que 3:1. Para melhorar a relação sinal ruído, utilizamos técnicas que a digitalização nos trouxe para o tratamento do sinal. Abordaremos dois deles: a **promediação**, ou *averaging* em inglês, e o *alisamento* ou *smoothing*, do inglês. A promediação é a obtenção de médias entre uma época do traçado e a época seguinte, e daí em diante, somando-as e dividindo digitalmente. Como o ruído é aleatório, ocorre cancelamento de suas fases e a resposta se atenua gradativamente. Um artefato sincronizado, entretanto, pode persistir, interferindo no resultado e, consequentemente, na análise. Na Figura 4-17, nos traçados apresentados de cima para baixo observamos os sinais obtidos em 4 momentos de 16 (as outras 12 não aparecem nesta cascata), e o resultado da promediação das 16 ondas, ao final. Podemos observar que, quanto maior a relação SINAL-RUIDO, melhor o resultado da promediação. O ruído é atenuado à raiz quadrada do número de traços. Neste caso, o ruído no início é 4 vezes maior que ao final da promediação. Já os artefatos de impulso possuem uma relação linear. A técnica que utilizamos neste caso é a adoção de uma janela de rejeição, um valor de amplitude para o qual admitimos ou rejeitamos um sinal. Os sinais de grande amplitude, sendo rejeitados, não entram na análise e não interferem na média. Nos casos em que necessitamos de estímulos para obter as respostas desejadas, deve-se utilizar frequência de estimulação que não seja múltiplo de 60 Hz, o que poderia introduzir um artefato sincronizado, que, como vimos anteriormente, pode interferir na análise. Como calcular o número de promediações necessárias para observar um sinal de 1 microvolt num ruído de fundo de 5 microvolts? A relação sinal ruído neste caso é de 0,2 (resultado de 1 dividido por 5). O alvo que se deseja é 5 microvolts que é 25 vezes maior que a relação sinal ruído. Como precisamos melhorar a relação sinal ruído em 25 vezes, tomamos 25 ao quadrado que é igual a 625 estímulos. Podemos concluir, neste caso, que 625 estímulos seriam necessários para reduzirmos o ruído em 25 vezes. Enfim, falaremos do segundo recurso da digitalização abordado no contexto dos ruídos e artefatos: a **suavização, alisamento** ou do inglês, *smoothing*. São recursos de *software* que suavizam, por meio de algoritmos matemáticos, o sinal registrado, eliminando a atividade de alta frequência do traçado de fundo. Isso mesmo, aquela aparência serrilhada muitas vezes presente na onda registrada ao final da promediação, que praticamente não interfere na sua identificação.

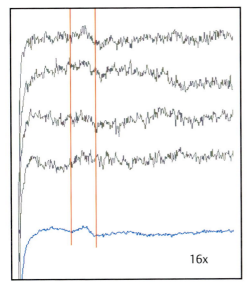

Fig. 4-17. Registros obtidos em quatro momentos consecutivos, de um total de 16 (12 não aparecem na cascata), e o resultado da promediação das 16 ondas.

Apresentação do Registro do Sinal Biológico

Obtidos e tratados, os sinais registrados precisam ser apresentados para leitura do examinador. Isso pode ser feito pelo *display*, do registro em papel, ou do som. Mesmo no Brasil, onde a tecnologia dos equipamentos médicos leva um tempo maior para alcançar o consumidor final, as telas de tubo de raios catódicos são raras. Conhecer o seu funcionamento tem valor apenas histórico ou de conhecimento geral, considerando que nos dias de hoje o registro é apresentado em telas de cristal líquido, de plasma, ou diodos emissores de luz (os LED). Os *displays* modernos permitem o congelamento da imagem e a repetição contínua do sinal tratado. Deste tipo de apresentação, a informação mais importante é a de que sua imagem é proveniente do conversor analógico-digital, o que demanda um pequeno atraso em seu processamento (da ordem de 10 a 12 milissegundos). O registro em papel, embora pareça ultrapassado nos dias de hoje, deve ser considerado sempre, pois do ponto de vista jurídico é um documento que não pode mais ser alterado, diferente do registro em formato eletrônico, que muitas vezes pode ser modificado após o registro, admitindo fraudes. O registro em papel com pena, como era obtido nos equipamentos eletroencefalográficos antigos, tem hoje mais um significado histórico que prático, pois os registros digitais são impressos diretamente do computador e as informações são digitais, não havendo distorções decorrentes do movimento da pena ou da tração do papel. Naqueles equipamentos, em razão do movimento giratório da pena em torno de um eixo, havia no traçado analógico do EEG a chamada distorção de arco. Uma espícula não era perfeitamente vertical, mas em forma de arco. Descargas de alta frequência também sofriam consequências por conta da inércia da pena e do atrito da mesma com o papel, distorcendo o registro. Enfim, o registro sonoro, indispensável para os estudos de eletromiografia e algumas situações na monitorização neurofisiológica, especialmente quando a presença de descargas se faz presente ou quando o cirurgião necessita ser guiado pelo som. Alarmes sonoros também podem ser utilizados, auxiliando o procedimento. A discriminação auditiva é especialmente mais refinada que a discriminação visual, complementando muitas vezes o estudo. As propriedades dos autofalantes e sua relação com o som serão abordadas no capítulo sobre os potenciais evocados auditivos.

CONSIDERAÇÕES FINAIS

O conhecimento acima apresentado não será aprendido em apenas uma leitura. Certamente você precisará voltar neste capítulo várias vezes até que o conhecimento se consolide. Dominar os aspectos de eletrônica e instrumentação são fundamentais para a obtenção e "tratamento" adequado do sinal obtido, mas também para a segurança do paciente, como veremos no capítulo a seguir. O resultado de todo esse processo deverá ser documentado por meio de laudos, históricos dos exames, registros dos traçados e os termos de consentimento que devem ser armazenados por no mínimo 5 anos de acordo com a lei brasileira. Esse armazenamento é possível utilizando-se banco de dados digitais. É obrigatório que se mantenha essa documentação disponível.

BIBLIOGRAFIA

American Clinical Neurophysiology Society. Guideline 11A. Recommended standards for neurophysiologic intraoperative monitoring – principles (2009). http://www.acns.org/pdf/guidelines/Guideline-11A.pdf.

American Clinical Neurophysiology Society. Guideline 11B. Recommended standards for neurophysiologic intraoperative monitoring of somatosensory evoked potentials (2009). http://www.acns.org/pdf/guidelines/Guideline-11B.pdf.

CAPÍTULO 4 • PRINCÍPIOS BÁSICOS DE ELETRICIDADE E INSTRUMENTAÇÃO

American Clinical Neurophysiology Society. Guideline 11C. Recommended standards for neurophysiologic intraoperative monitoring – principles (2009). http://www.acns.org/pdf/guidelines/Guideline-11C.pdf.

American Clinical Neurophysiology Society. Guidelines 1-10. *Am J Electroneurodiagn Technol* 2006;46(3):198-305.

Misulis KE. Basic electronics for clinical neurophysiology. *J Clin Neurphysiol* 1989;6:41-74.

Mohrhaus CA. Technical Guide to NIOM Machines. In: Husain AM. *A practical approach to neurophysiologic intraoperative monitoring.* 2nd ed. New York, NY: Demos Medical Publishing; 2015. c. 21. p. 317-33.

SEGURANÇA ELÉTRICA

CAPÍTULO 5

Paulo André Teixeira Kimaid

As práticas de segurança elétrica têm como objetivo principal proteger o paciente de correntes potencialmente letais enquanto realizamos o registro de sinais biológicos. Os sinais biológicos aqui mencionados são potenciais elétricos e sua obtenção depende da ligação entre o paciente e uma máquina capaz de registrar esses sinais. Os equipamentos por sua vez possuem circuitos formados por componentes eletrônicos que precisam ser "alimentados" com energia elétrica para funcionar. Em condições ideais de trabalho, conseguir o registro de um sinal biológico pode ser fácil, mas não dispensa a necessidade de conhecermos alguns conceitos e normas importantes para evitar um acidente. No Brasil, onde levamos o equipamento para utilizar em locais diferentes, muitas vezes a obtenção desse sinal é desafiador, especialmente num ambiente hostil como o centro cirúrgico, onde diversos equipamentos elétricos estão ligados e podem interferir no que se pretende registrar. Em termos de segurança, a principal preocupação é com o que chamamos de fuga de corrente. É compreensível a necessidade de um capítulo para abordar o funcionamento do sistema de distribuição de energia elétrica em nosso meio, além de conceitos como choque elétrico, corrente de fuga, aterramento e equipotencial, assim como as medidas de segurança que devem ser adotadas para evitar um acidente.

A energia elétrica é a capacidade de uma corrente elétrica realizar trabalho. Essa forma de energia pode ser obtida por energia química ou mecânica. No Brasil, a energia nuclear é muito pouco utilizada, portanto, não será considerada. As usinas geradoras de energia possuem turbinas acopladas a geradores, de forma que ao serem movidas pelo vento (eólica), pela água (hidrelétrica) ou por motores (termelétricas) transformam a energia mecânica em energia elétrica. Utilizando-se do princípio do eletromagnetismo, ao girar as turbinas, os geradores induzem corrente elétrica em um condutor de forma cíclica, resultando numa corrente que varia periodicamente no tempo (senoidal) alternando seu sentido no circuito a cada ciclo: corrente alternada (Fig. 5-1). Sua magnitude é medida pelo pico máximo e pelo pico mínimo (cristas da senoide resultante). É a diferença de potencial entre dois pontos de um condutor, que resulta numa corrente elétrica entre seus terminais. A energia elétrica gerada pode ser transmitida e, então, distribuída, para que depois seja transformada novamente em outros tipos de energia como, por exemplo, energia mecânica (ventilador) ou energia térmica (aquecedor).

A energia elétrica gerada é da ordem de milhares de Volts (unidade de medida da diferença de potencial elétrico entre dois pontos) e é distribuída às subestações e então para nossas residências, clínicas e hospitais após passagem por transformadores que reduzem a tensão do circuito de transmissão de alta tensão para a tensão que conhecemos: 110 V ou 220 V.

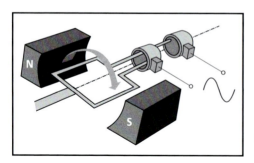

Fig. 5-1. Esquema de um gerador de corrente elétrica alternada.

A linha de força de uma sala no centro cirúrgico deve possuir tomadas tripolares, com ambas as tensões (110 V e 220 V), permitindo que você possa conectar aparelhos de diferentes tensões. Em geral os equipamentos de MNIO são "bivolts", podendo ser conectados em qualquer uma. Antes de conectar seu sistema, verifique a tensão da rede e a do equipamento. A linha de força pode ser formada por um fio chamado de **vivo** ou **fase**, um **neutro** ou **retorno**, e um **terra** (110 V) ou por dois fases e um terra (220 V). Cada fio fase possui tensão de 110 V, o NEUTRO, em geral, possui tensão de 0 V (não necessariamente), e o Terra é o fio que será ligado ao aterramento do edifício, cuja tensão deve ser zero. O fio neutro da tomada de 110 V ligar-se-á ao fio terra e, então, ao aterramento do edifício. O uso de adaptadores para conexão dos aparelhos ao sistema de plugues do Brasil deve observar se as tomadas são polarizadas ou não (Fig. 5-2).

O uso de aparelhos importados, com dois pinos polarizados como neutro-fase podem funcionar mal e, além de poder ocasionar acidentes, podem danificar o equipamento. Pergunte ao fabricante ou ao distribuidor se o equipamento adquirido já está adaptado à NBR14136, que adotou o modelo acima apresentado no Brasil. Um bom observador vai notar que muitas vezes trabalhamos em hospitais antigos, Santas Casas criadas no início do século XX, onde o sistema elétrico foi adaptado às novas condições, muitas vezes por um técnico eletricista sem formação nenhuma, sem a participação de um engenheiro especializado em segurança elétrica. Além da inversão da tomada acima citada, um problema ainda mais comum é a inexistência da conexão da entrada do fio terra ao aterramento do

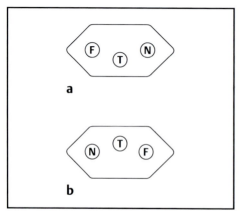

Fig. 5-2. Esquema da tomada 110 V no Brasil: FASE – TERRA – NEUTRO instalada corretamente (**a**) e de cabeça para baixo ou invertida (**b**), um problema se o cabo do equipamento for de dois pinos e polarizado.

edifício, ou seja, a tomada está lá, mas o fio terra não está. A falta de aterramento do equipamento é muito perigosa e não deve ser negligenciada. Após considerar essas recomendações às necessidades de adaptação tão presentes na vida do brasileiro, e muitas vezes negligenciada, podemos entrar na discussão dos conceitos mais "universais".

CHOQUE ELÉTRICO
O choque elétrico é a consequência do fluxo de corrente elétrica pelo corpo, e seu efeito depende da magnitude e do trajeto percorrido por essa corrente. Assim como na rede elétrica há necessidade de um fio neutro para que a eletricidade do fio fase percorra todo o circuito (fechando o circuito), o choque elétrico só é possível se houver dois pontos de conexão com o corpo: um ponto de entrada onde há conexão com a fonte geradora da corrente e um ponto de saída onde há conexão com o retorno ou o terra. No caso da MNIO, o aparelho pode-se tornar uma fonte geradora de corrente caso haja o contato direto entre o chassi metálico do equipamento e o fio fase, seja por uma falha no isolamento do fio ou por uma via de resistência muito baixa criada inadvertidamente (queda de líquido no aparelho ou ligação direta dos eletrodos a conexões energizadas dos conectores de força, por exemplo). A resistência ao fluxo de corrente do corpo, ao entrar em contato com o equipamento deve ser tão baixa quanto a da linha de força do prédio para que seja perigosa. Adotando a primeira lei de Ohm ($i = V/R$) esse fluxo é inversamente proporcional à resistência. Como dissemos, a gravidade do choque também está relacionada com o trajeto percorrido pela corrente elétrica. Um choque letal precisa atravessar o coração com magnitude suficiente para induzir fibrilação ventricular. Os efeitos fisiológicos da corrente elétrica podem ser resumidos abaixo (Fig. 5-3).

O risco de choque elétrico, entretanto, pode variar de acordo com diversos fatores:

1. A fuga de corrente que se apresenta na maioria dos aparelhos é relativamente pequena. A questão é que no centro cirúrgico o paciente pode estar conectado a mais de uma fonte geradora e essas são manuseadas por mais de uma pessoa, aumentando a probabilidade de mal-uso e aumentando o risco de fuga de corrente significativa. Infelizmente não é incomum que se veja nos hospitais brasileiros fios emendados, mal contato de conectores, equipamentos antigos e sucateados sendo utilizados, além de

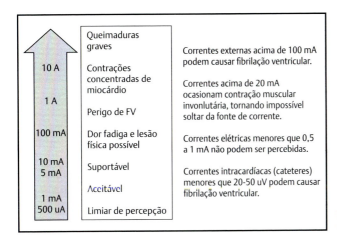

Fig. 5-3. Efeitos do choque elétrico conforme sua intensidade.

ouvir muitas vezes reclamações de cirurgiões quanto a um ou outro equipamento que não está funcionando adequadamente. Certamente nessas condições, o risco de choque é maior.

2. As pessoas que utilizam equipamentos não costumam estar conectadas ao terra, mas o paciente não só é aterrado, como pode, muitas vezes, entrar em contato com partes metálicas da mesa ou objetos próximos, possibilitando que se formem circuitos de muito baixa resistência ao fluxo de corrente.

3. Mesmo em caso de contato com o gerador de corrente e o terra, essa conexão geralmente tem elevada impedância (p. ex., pele seca e intacta), diferente do paciente, ao qual ligamos diversos eletrodos de superfície após preparação da pele (abrasão e pasta condutora). No caso da MNIO, usamos eletrodos intramusculares e subdérmicos com impedância muito reduzida. Além disso, os pacientes submetidos à MNIO no Brasil geralmente são casos mais graves, cirurgias de longa duração, que necessitam de acessos venosos centrais cheios de solução salina (excelente carreador de eletricidade); nesses casos, pequenas correntes poderiam ocasionar fibrilação ventricular.

4. Pessoas saudáveis e alertas têm maior capacidade de se afastar da fonte geradora de corrente, na maioria dos casos. Mas na sala cirúrgica o paciente está inconsciente (anestesiado), o que o impede de se afastar da fonte de corrente.

5. Pessoas saudáveis precisariam de uma corrente maior para ocasionar uma fibrilação ventricular. Precisamos conhecer o risco cirúrgico de cada paciente para avaliar se ele é ou não mais suscetível à indução de fibrilação ventricular (cardiopatas, por exemplo).

CORRENTE DE FUGA

Como eu disse no início do capítulo, a corrente de fuga é o item mais importante quando falamos em segurança elétrica. Ela é fácil de medir em instrumentos médicos, mas frequentemente é mal-entendida pois existem vários tipos de corrente de fuga e um valor máximo para cada classe de instrumental e órgão regulador local. No Brasil, a certificação de equipamentos eletromédicos é feita pelo INMETRO (portaria n. 086/2006) com base na NBR IEC 60601-1 de 2010, mas é regulamentada pela Agência Nacional de Vigilância Sanitária – ANVISA (resolução nº 444/99). A ANVISA foi criada para a fiscalização desses processos, o qual suas ações estão direcionadas para atender a lei nº 6.360/76. O Artigo nº 12 desta lei define que "nenhum produto de interesse à saúde, seja nacional ou importado, poderá ser industrializado, exposto à venda ou entregue ao consumo no mercado brasileiro antes de registrado no Ministério da Saúde". A corrente de fuga máxima tolerada para cada situação clínica está resumida no Quadro 5-1.

Quadro 5-1. Corrente de Fuga Máxima Tolerada em cada Situação Clínica

Situação clínica	Corrente de fuga máxima
Pacientes não conectados a equipamentos elétricos	500 µA
Pacientes conectados a outros equipamentos por eletrodos de contato (p. ex., ECG)	50 µA
Pacientes com acesso intracardíaco com propriedades condutivas (p. ex., marca-passso)	10 µA

CAPÍTULO 5 • SEGURANÇA ELÉTRICA

A corrente de fuga de um equipamento pode se originar:

1. Existe uma resistência interna e finita entre a linha de força (FASE) e o chassi do instrumento, chamada de terra do equipamento; como vimos anteriormente, essa resistência pode diminuir se houver falha no isolamento do fio ou por uma via de resistência muito baixa criada inadvertidamente (queda de líquido no aparelho ou ligação direta dos eletrodos a conexões energizadas dos conectores de força, por exemplo). Mesmo uma resistência elevada como 5 MΩ pode permitir correntes de fuga de 24 μA, o que observando o Quadro 5-1 é suficiente para ocasionar fibrilação ventricular em um paciente com acesso intracardíaco, especialmente se este também for cardiopata (mais suscetível).
2. A capacitância resultante entre o condutor "fase" e o chassi, seja decorrente do circuito interno ou cabeamento externo pode ocasionar uma via de impedância muito baixa para corrente alternada. Mesmo uma capacitância muito pequena como 440 pF ainda permite correntes de fuga de 20 μA entre o condutor "fase" e o terra.
3. O acoplamento indutivo entre os circuitos alimentados pela linha de força e outras alças de circuito (p. ex., alças de terra) quando existem múltiplas conexões ao paciente (caso da MNIO) podem induzir o fluxo de corrente por um trajeto de terra.

Além da fuga de corrente do equipamento para o aterramento do paciente, correntes de fuga podem ser introduzidas pelos mesmos mecanismos em outros fios conectados ao paciente (acoplamento resistivo, capacitivo ou, possivelmente, indutivo). As correntes de fuga podem alcançar o paciente diretamente ou por meio de uma pessoa exposta à corrente de fuga (a pessoa funcionaria como um condutor).

Nas redes de distribuição dos hospitais modernos e nos equipamentos eletromédicos atuais, muitos métodos são utilizados para reduzir o risco de choque, reduzindo a corrente de fuga:

1. Todos os chassis e áreas metálicas expostas dos aparelhos elétricos são aterradas pelo fio terra presente no conector da tomada. Esse fio terra de todas as tomadas estão ligados entre si numa rede equipotencial do edifício suficientemente construída para ter baixíssima resistência ao fluxo de corrente. Desta forma, qualquer fuga de corrente de um chassi, em decorrência da baixa resistência, fluirá para o fio terra. OBS: **não** usar o neutro como terra. O neutro é o retorno do fase e, portanto, há corrente significativa fluindo por ele quando o equipamento está ligado, diferente do terra, onde o fluxo de corrente é mínimo.
2. Todos os objetos metálicos da estrutura física do hospital (canos de ferro, janelas etc.) também devem ser aterrados junto aos fios "terras" das tomadas, num sistema de aterramento chamado equipotencial. Assim, todos os equipamentos elétricos que forem ligados na linha de força drenam a corrente de fuga para o mesmo sistema de terra, evitando longas alças de terra.
3. Quando necessário, o uso de transformadores isoladores pode eliminar a conexão neutro-terra. Alguns equipamentos modernos possuem transformadores isoladores, mas eles podem ser construídos separadamente. É preciso lembrar que esses equipamentos não eliminam, definitivamente, o risco de choque, pois podem apresentar correntes de fuga significativas.
4. Equipamentos podem ser construídos com carcaça não metálica para minimizar as chances de acidente por contato com a carcaça do equipamento.

78 PARTE I • BASES DE NEUROFISIOLOGIA CLÍNICA PARA MNIO

4. Escolha uma tomada na mesma área ou saída utilizada por outros equipamentos ligados ao paciente. Antes de conectar o equipamento, verifique a tensão e identifique qual é o fase, o neutro e o terra.
5. Ligue o instrumento e calibre-o antes de conectá-lo ao paciente. Muitos problemas eletrônicos podem ser detectados durante a calibração. Além disso, ondas de tensão podem ocorrer ao ligar o equipamento, ocasionando um incremento transitório da corrente de fuga.
6. Desconecte o paciente do equipamento antes de desligá-lo.

ESTIMULADORES ELÉTRICOS

Há anos são realizados estímulos elétricos em nervos periféricos sem que haja relato de prejuízo ou danos. A estimulação do tecido neural dentro das técnicas e dos diferentes protocolos existentes é considerada segura se excluídos os pacientes portadores de marca-passos e outros sistemas eletrônicos implantados. Embora estudos mais recentes reportem segurança na realização das estimulações utilizadas em eletroneuromiografia (Schoeck, 2007), desde que observadas algumas precauções, não há estudos que apontem a mesma segurança para realização de estímulos elétricos transcranianos para obtenção de potenciais evocados motores. Não recomendamos a realização destes estímulos em portadores de sistemas eletrônicos implantados, quaisquer que sejam. Outro cuidado que se deve ter é com a prevenção de lesão tecidual local por queimaduras, o que é bastante incomum.

São 11 as principais recomendações sobre segurança elétrica:

1. Não aterre diretamente ou permita contato com objetos aterrados se o paciente estiver ligado ao equipamento.
2. Utilize equipamentos elétricos, quaisquer que sejam, apenas se possuírem tomadas tripolares.
3. Utilize apenas equipamentos em consonância com as normas internacionais de segurança.
4. Realize inspeções de segurança em seus equipamentos por períodos de no máximo um ano.
5. Conecte os equipamentos em contato com seus pacientes nas saídas de uma mesma área, evitando longas alças de terra.
6. Nunca utilize extensões, pois elas aumentam a resistência e a capacitância internas do equipamento.
7. Sempre utilize coberturas isolantes para separar conexões elétricas de cateteres intracardíacos.
8. Tenha sempre um desfibrilador disponível e próximo quando houver pacientes com cateteres intracardíacos, o que é uma constante na MNIO.
9. Nunca ignore a ocorrência de um choque elétrico, por menor que seja.
10. Estabeleça procedimentos de segurança em sua rotina sempre que iniciar um exame – *checklist*.
11. Nunca ligue o equipamento após conectar os eletrodos para evitar que uma onda de tensão seja transmitida ao paciente. Da mesma forma, retire os eletrodos antes de desligar o equipamento da força.

As leituras sugeridas a seguir servem como leitura complementar e não estão referenciadas no presente capítulo.

LEITURAS SUGERIDAS

Lagerlund TD. 1989 Electric safety in the laboratory and hospital. In: Daube JR, Rubin DI. *Clinical neurophysiology*, 3rd ed. New York, NY: Oxford University Press, (ANO?) ch. 2. p. 21 32..

NBR IEC 60601-1 Segurança básica e desempenho essencial de equipamentos eletromédicos e sistemas eletromédicos.

Schoeck AP, Mellion ML, Gilchrist JM, Christian FV. Safety of nerve conduction studies in patients with implanted cardiac devices. *Muscle Nerve* 2007;(35):521-4.

PRINCÍPIOS BÁSICOS DE POTENCIAIS EVOCADOS

CAPÍTULO 6

Paulo André Teixeira Kimaid

Na prática clínica e no centro cirúrgico, utilizamos diversas técnicas de neurofisiologia clínica que serão abordadas individualmente neste livro. São de fundamental importância, ao neurofisiologista clínico que deseja trabalhar com MNIO, os conhecimentos de potenciais evocados. Os potenciais evocados mais utilizados no centro cirúrgico são o motor e o sensitivo, seguidos pelo auditivo e, raramente, se utilizam potenciais evocados visuais. Com exceção dos potenciais evocados motores, os demais são constituídos por picos estáveis que aparecem em diferentes tempos após o estímulo, podendo ser divididos em curta, média e longa latências. Considerando que os pacientes examinados durante as cirurgias estão sob anestesia geral, as respostas de média e longa latências frequentemente estão abolidas, não sendo utilizadas para a MNIO. Em condições normais as respostas sensitivas de curta latência nos membros superiores aparecem em até 25 ms, as de membros inferiores até 50 ms, as visuais em até 150 ms e as auditivas em até 10 ms. Atribui-se aos picos acima da linha de base o nome de "N" de negativo ou "P" de positivo seguindo-se o valor da latência daquela resposta na população normal. Desta forma, a N20 é o pico negativo que aparece 20 ms após o estímulo, a P100 é o pico positivo que aparece 100 ms após o estímulo. A única exceção à regra de nomenclatura acima é o potencial evocado auditivo de curta latência, nomeados por algarismos romanos de I a V. Cada uma dessas respostas será analisada em capítulos individuais, entretanto, a base para a compreensão da sua gênese envolve conceitos abordados neste capítulo, e que também servem ao EEG, à eletromiografia e aos testes de condução nervosa. Esses estudos eletrofisiológicos envolvem o registro de potenciais bioelétricos que estão distantes dos eletrodos de registro, e são gerados por fontes do próprio corpo como o cérebro, nervos e músculos, seja espontaneamente (p. ex., eletroencefalograma, eletromiografia), ou em resposta a um estímulo (p. ex., potenciais evocados, testes de condução nervosa).

VOLUME CONDUTOR

Vimos no capítulo de Neurofisiologia Básica que possuímos fontes geradoras ativas, como os canais iônicos que abrem e fecham em resposta a alterações no potencial de membrana, neurotransmissores, Ca++ intracelular ou mensageiros secundários, ocasionando fluxo iônico para dentro ou para fora da célula; e fontes geradoras passivas, áreas da membrana que permitem o livre fluxo de íons para dentro ou para fora da célula por "vazamento" passivo, ou efeito capacitivo. A corrente ocasionada por essas fontes geradoras flui por todo o corpo através de seu meio extracelular, chamado, portanto, de **volume condutor**.[1] A transferência dos potenciais elétricos para um local distante da fonte geradora por meio do meio extracelular é o que chamamos de **volume condução**.[1] Volumes condutores podem ser homogêneos, mas no caso do corpo humano isso não acontece: tecidos diferentes com diâmetros também diferentes possuem condutividades diferentes. Alguns desses potenciais "volume conduzidos" alcançam a pele e podem ser captados por eletrodos na superfície corporal. A diferença de potencial entre dois pontos da superfície corporal pode ser amplificada e registrada em razão do tempo. Um exemplo muito comum que torna fácil a compreensão deste fenômeno é o eletrocardiograma: colocando eletrodos na mão direita e na mão esquerda conseguimos registrar a diferença de potencial do volume conduzido pelo músculo cardíaco pelo corpo para ambas as mãos. Conforme a teoria do Volume Condutor (VC), são fatores que interferem na morfologia dos potenciais neurofisiológicos: os geradores dos potenciais elétricos; o tipo de volume condutor (VC); a propagação da corrente pelo VC; a relação entre os eletrodos de superfície nas diferentes montagens; a distância dos eletrodos em relação ao gerador.[1] Na rotina clínica, só é possível o registro na superfície de potenciais extracelulares de uma população neuronal (córtex), feixes axonais (medula e nervos) ou feixe de fibras musculares (músculos), e não de uma unidade funcional isolada (um neurônio ou um axônio). Na Figura 6-1, observamos um esquema dos geradores corticais (EEG). As sinapses podem ser inibitórias, originando potenciais inibitórios pós-sinápticos, os PIPS; ou excitatórias, originando potenciais excitatórios pós-sinápticos, os PEPS. A ocorrência de PIPS e PEPS ocasiona uma flutuação do potencial de membrana. Na Figura 6-1a observamos o registro da atividade dos terminais pré-sinápticos excitatórios e inibitórios, e o resultado desta atividade após a sinapse neuronal (atividade pós-sináptica); na Figura 6-1b observamos o resultado dos registros dos potenciais de campo (PC)

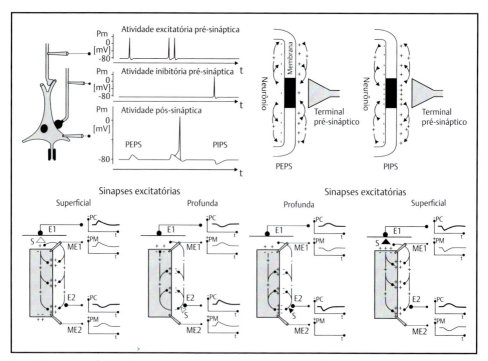

Fig. 6-1. Esquema dos geradores corticais (explicação no texto). (Modificada de Niedermeyer.[2])

e dos potenciais de membrana (PM) na superfície e na profundidade do córtex cerebral. Observe que o registro apresenta deflexão negativa ou positiva dependendo da posição do eletrodo em relação à diferença de potencial entre PEPS e PIPS.[2]

Como o registro depende não apenas de uma célula, mas de uma população, vamos imaginar agora a citoarquitetura cortical de uma população de células piramidais com ramificação dendrítica em sua porção apical perpendicular à superfície pial cuja disposição regular de suas células somadas aos potenciais inibitórios e excitatórios (PIPS e PEPS) formarão um dipolo (Fig. 6-2).

Quando falamos de potenciais gerados no córtex cerebral, observamos em nível macroscópico que a ativação síncrona de uma população de células piramidais forma uma "camada dipolo" constituída por axônios distribuídos radial ou tangencialmente chamada de gerador de campo aberto. Entretanto, a ativação síncrona de uma população neuronal com arborização dendrítica radial envolvendo o corpo celular, gera campos elétricos também radiais e concêntricos que se anulam, o que chamamos de gerador de campo fechado.

Potenciais elétricos de origem biológica podem ter origem espontânea ou voluntária, mas podem ser provocados por um estímulo. Esse estímulo pode ser realizado do sistema nervoso central ou no periférico e a resposta pode ser registrada também no sistema nervoso central ou periférico. Um exemplo de atividade espontânea de origem no SNC é o EEG, e um exemplo de atividade espontânea gerada no sistema nervoso periférico é o potencial de placa motora. Um exemplo de atividade voluntária de origem no SNC é o contingente de variação negativa cortical, ativado durante o movimento de levantar o dedo, e um exemplo de ativação síncrona suficiente para gerar potenciais registrados apenas nos músculos, os potenciais de ação de unidades motoras (PAUM). Um estímulo sensitivo ou motor pode desencadear respostas síncronas que se propagam por toda a via sensitiva (da periferia ao córtex) ou pela via motora (do córtex à periferia), permitindo registro de potenciais ao longo do trajeto de propagação. Os melhores exemplos são os potenciais evocados sensitivos e motores, respectivamente. Os geradores dos potenciais do nervo periférico são a soma de potenciais de ação de um feixe axonal ou de um feixe de fibras musculares desencadeados de forma síncrona. Todos são evocados por um estímulo e são

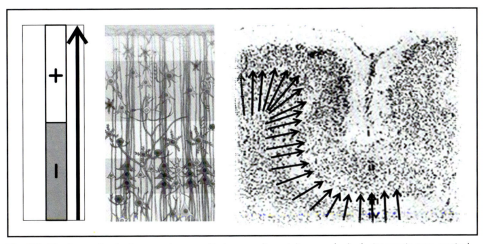

Fig. 6-2. Dipolo resultante dos geradores corticais e sua disposição em relação à citoarquitetura cortical.

o registro da propagação de potenciais de ação por volume condutores que possuem características peculiares que se apresentam com formas diferentes, dependendo da relação entre sua localização e a posição dos eletrodos de registro.

Os potenciais evocados sensitivos são, portanto, o registro dos potenciais extracelulares volume-conduzidos dos feixes nervosos centrais ou periféricos (potencial de ação do nervo – PAN); ou dos potenciais resultantes da somatória de PEPS e PIPS corticais (potenciais pós-sinápticos – PPS) desencadeados por um estímulo sensitivo ou sensorial. E os potenciais evocados motores são o registro dos potenciais extracelulares volume conduzidos dos feixes nervosos centrais e periféricos (PAN) ou de fibras musculares (potenciais de ação musculares compostos – PAMC) em resposta a um estímulo periférico ou central. Tais registros terão morfologia e tamanho dependentes da relação entre o eletrodo de registro e a fonte geradora, podendo-se apresentar como ondas monofásicas positivas ou negativas, potenciais bifásicos com variada morfologia e potenciais trifásicos quando registrados sobre uma via formada por axônios e fibras musculares.

Cada potencial elétrico possui uma fonte de dissipação de corrente. Quando ela é única chamamos de monopolo e sua grandeza pode ser medida nas linhas equipotenciais, decaindo à razão inversa do quadrado da distância. Quando temos dois monopolos adjacentes de polaridades opostas chamamos de dipolo, a corrente "flui" do polo positivo para o negativo e sua grandeza também decai à razão inversa do quadrado da distância. O dipolo é uma fonte de dissipação de corrente mais realística (p. ex., soma de PEPS e PIPS do córtex cerebral). O quadrupolo é formado por dois dipolos adjacentes com orientações opostas, de forma terminoterminal e seu potencial decai à razão inversa do cubo da distância (p. ex., propagação do potencial de ação axonal). Na Figura 6-3 observamos as linhas equipotenciais representando a dissipação da corrente que acabamos de mencionar. O monopolo, que neste caso possui carga negativa e orientação do fluxo de corrente de fora para dentro, mostra linhas equipotenciais radiais (Fig. 6-3a). No dipolo, com fluxo de corrente do polo positivo para o negativo, as linhas equipotenciais têm o formato aproximado de um oito (Fig. 6-3b). Finalmente o quadripolo, que possui dois dipolos com orientação oposta com fluxo de corrente mais complexo, com formato de trevo (Fig. 6-3c). Veremos, a seguir, a importância desse conhecimento (Figs. 6-4 e 6-5).

Quando a condução nervosa se dá por um feixe axonal, seja ele central ou periférico, a dissipação da corrente da fonte geradora é representada por quadrupolo. O registro é feito ao longo da via (em paralelo), resultando em um potencial trifásico, como o representado na Figura 6-6. Sua amplitude reduz na proporção do cubo da distância.

Um volume condutor possui propriedades como condutividade (ou resistividade), e capacitância (ou constante dielétrica). Partes diferentes do corpo possuem diferentes condutividades e constantes dielétricas, o que influencia no registro do volume condutor.

Diferente das propriedades capacitivas do registro do EEG, os registros periféricos em um meio resistivo-capacitivo são dependentes da frequência. O resultado disso é que os geradores das correntes e os potenciais registrados estão fora de fase, o que pode ocasionar erros de medida de latências quando comparamos os registros realizados mais próximos com os realizados mais distantes do nervo (neste último caso ocorre dispersão do potencial). O potencial evocado trafega muitas vezes, por diferentes volumes condutores, com diferentes propriedades e meios resistivo-capacitivos. Potenciais estacionários ocorrem quando um potencial de ação passa pela interface entre locais de diferentes tamanhos e condutividade, especialmente quando registrados com referência distante.[3] Não aparecem em tempos diferentes ou em locais de registro diferentes. Fazendo uma comparação entre

CAPÍTULO 6 • PRINCÍPIOS BÁSICOS DE POTENCIAIS EVOCADOS

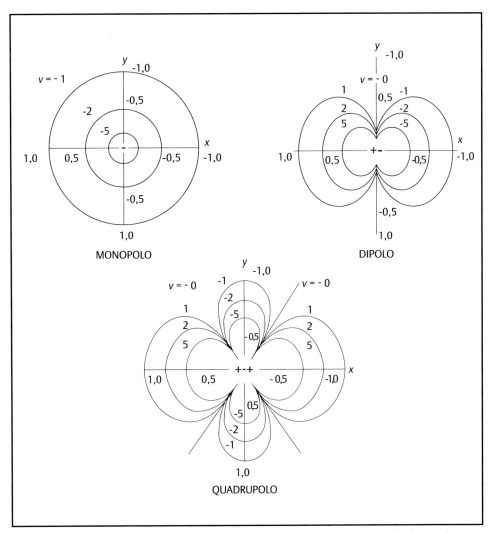

Fig. 6-3. (a-c) Linhas equipotenciais de volumes condutores de diferentes fontes de distribuição de corrente.

o fluxo de corrente elétrica e o fluxo de água em um rio, observamos que o estreitamento das margens do rio ocasiona o aumento da velocidade do mesmo naquele trecho. É fácil entender que para passar o mesmo volume por uma área menor, precisamos acelerar esse fluxo. Assim que o diâmetro se restabelece, o fluxo volta ao normal. Podemos dizer que essa alteração se encontra "estacionada" naquela área. Além do potencial estacionário, outros conceitos importantes são o de potencial de campo distante (ou do inglês, *far field*) e potencial de campo próximo (do inglês, *near field*), que se referem à distância entre a fonte geradora da corrente e o eletrodo de registro. São exemplos de potenciais de campo próximo as ondas I dos potenciais evocados e as ondas N9 dos potenciais evocados

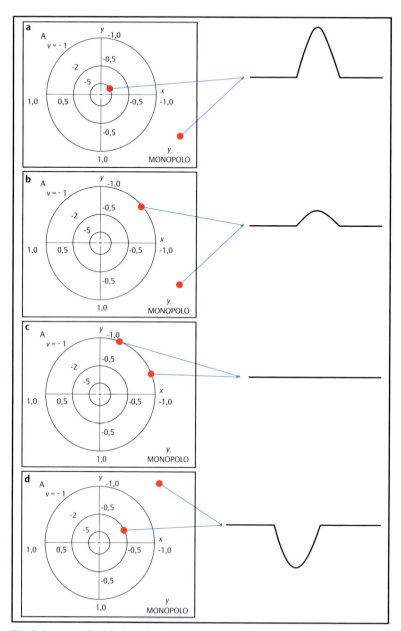

Fig. 6-4. Monopolo: (**a**) eletrodo ativo próximo e referência distante do gerador: potencial monofásico de maior amplitude; (**b**) ativo, pouco mais distante e referência distante do gerador: potencial monofásico de menor amplitude; (**c**) eletrodo ativo e referência equidistantes do gerador, mesma linha equipotencial = zero; (**d**) eletrodo de referência próximo do gerador e ativo distante, potencial monofásico invertido proporcionalmente à distância entre gerador e referência.

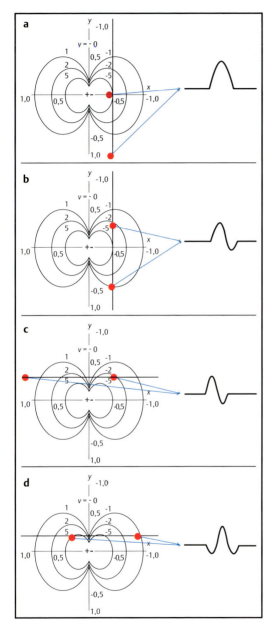

Fig. 6-5. Dipolo: (**a**) o eletrodo ativo está bem próximo à fonte geradora onde, neste caso, a negatividade é máxima, e o eletrodo de referência está distante o suficiente para imaginarmos que o potencial ali seja zero. O distanciamento do eletrodo de referência faz com que o comportamento deste dipolo seja, na verdade, igual ao de um monopolo: o registro será uma onda negativa de amplitude tanto maior quanto mais próxima da fonte; (**b**) o eletrodo ativo e o referência estão próximos ao gerador e perpendicular ao dipolo, dando origem a um potencial bifásico cuja amplitude decai com a distância da linha imaginária entre os dois; (**c**) o eletrodo ativo está próximo do gerador e o de referência distante, mas paralelos ao eixo do dipolo (dipolo tangencial), originando potencial bifásico cuja amplitude também depende da distância destes em relação à fonte; (**d**) o eletrodo ativo e o referência estão próximos ao gerador e paralelos ao dipolo, formando um potencial trifásico cuja amplitude decai com a distância da linha imaginária entre os dois. Veja um resumo também no Quadro 6-1.

daquele papel especial e luvas estéreis que podem ser de látex, nitrila ou de policloropreno. Embora não seja uma regra em todo estabelecimento no Brasil, recomenda-se, ainda, o uso de óculos protetores pelos cirurgiões. Aventais de proteção radiológica estão disponíveis e devem ser utilizados por toda a equipe que estiver dentro da sala cirúrgica durante o uso de equipamentos de raios X. A indumentária usada no CC costuma utilizar uma cor padronizada, muitas vezes azul ou verde, para facilitar a identificação pelos profissionais da saúde. Também os campos estéreis que forram as mesas e o paciente possuem cores padronizadas, muitas vezes azul e verde também, de maneira que os profissionais que estão fora do campo cirúrgico evitem o contato direto com estas, e os profissionais que estão em campo saibam onde podem colocar os instrumentais e apoiá-los sem contaminá-los.[1]

Campo Estéril

Entende-se por campo estéril o espaço que compreende o paciente, os equipamentos e as mesas cobertas pelos campos estéreis, e os membros da equipe vestidos com aventais estéreis. Sabendo que este espaço é considerado estéril, todos os envolvidos no procedimento, sejam aqueles que estão dentro do campo ou fora dele devem ter muita atenção para que não haja contaminação desse espaço. A equipe de MNIO deve ter muito cuidado para que seu equipamento e material não encostem ou caiam sobre o campo estéril, e não obstrua ou dificulte a circulação do pessoal de sala, o que, muitas vezes pode predispor um acidente ou contaminação do campo estéril. Cabos soltos no chão da sala devem ser cuidadosamente agrupados e posicionados de forma a evitar que alguém tropece acidentalmente.[1]

Manuseando o Material Estéril

Parte do material que será utilizado na cirurgia não precisa ser estéril e até pode ser reutilizado, como os eletrodos de cúpula de EEG e potenciais evocados, eletrodos adesivos e eletrodos estimuladores de barra fixa. Os eletrodos de agulha, sejam espiraladas ou retas devem ser todos estéreis, pois serão inseridos no paciente. Todo o material que será utilizado no campo estéril também deverá ser estéril. A não ser por poucas sondas estimuladoras reutilizáveis disponíveis no mercado, todo o material utilizado no campo estéril é de uso único e deve ser descartado apropriadamente após seu uso. À exceção do material reutilizável, recomenda-se que todo o material de uso único a ser utilizado numa cirurgia deva possuir rastreabilidade (exigência legal já implantada pela ANVISA para medicamentos), ou seja, um histórico de todo o trajeto que o material percorreu desde a sua fabricação até o destino na central de esterilização de materiais dos hospitais. Os materiais reutilizáveis devem ser esterilizados conforme a orientação do fabricante. Os processos de esterilização hospitalar conhecidos são térmicos, químicos ou por radiação. Sendo mais utilizados os térmicos (p. ex., autoclavagem) e químicos (glutaraldeído, plasma de peróxido de hidrogênio, óxido nítrico). Os materiais devem ser adequadamente embalados para armazenamento. No momento do uso, as embalagens dos materiais devem estar intactas, sejam elas reprocessadas ou de uso único. Caso estejam violadas, devem ser esterilizadas novamente apenas as que admitem o reprocessamento. Materiais descartáveis que estejam com a embalagem violada, ainda que nunca tenham sido utilizados, não podem ser reprocessados e devem ser descartados. Os profissionais da equipe de MNIO devem atentar no momento de oferecer o material ao instrumentador ou ao cirurgião. A embalagem deve ser parcialmente removida sem tocar o conteúdo estéril. Esse conteúdo será exposto em parte, possibilitando que seja retirado da embalagem sem contaminar as mãos do pessoal que está no campo estéril. Caso a equipe de MNIO não se sinta confiante em fazê-lo, o processo pode ser feito pela auxiliar de sala conhecida como "circulante". Ela é a responsável por oferecer todo o material estéril ao pessoal que está em campo, sendo, portanto, treinada para esta tarefa.[1]

Pessoal

Diversos profissionais estão presentes no CC e participam direta ou indiretamente das cirurgias.

Uma equipe cirúrgica costuma ser formada por um cirurgião assistente, os cirurgiões auxiliares e podem contar, ainda, com *fellows* ou residentes. Numa mesma cirurgia pode haver mais de uma equipe cirúrgica, dependendo da complexidade do caso (p. ex., ortopedia e neurocirurgia; neurocirurgia e cirurgia de cabeça e pescoço). O cirurgião assistente é o responsável pelo caso, sendo a maior autoridade na sala cirúrgica. Todos os demais profissionais médicos ou não médicos deverão se reportar a ele. Os cirurgiões auxiliares são aqueles que, embora sejam da mesma especialidade do assistente, estão ali para auxiliar na realização da cirurgia. *Fellows* e residentes estão ali, muitas vezes, como auxiliares, mas em geral participam na realização do acesso cirúrgico (início da cirurgia até o tempo principal) e depois assistem ao tempo principal realizado pelo cirurgião assistente, voltando a campo apenas após o tempo principal para fechar a ferida cirúrgica. Em universidades, a presença de estudantes de medicina é constante e estão ali apenas para assistir aos procedimentos.[2]

A equipe de anestesia também é composta por um anestesista principal, *fellows* ou residentes e um enfermeiro ou técnica de anestesia, que auxilia o anestesista preparando as drogas e materiais necessários ao início do procedimento (indução) e manutenção do plano anestésico (manutenção). Participa, ainda, colhendo exames e providenciando acessos periféricos para administração de medicamentos e soluções. É responsabilidade do anestesista providenciar acessos centrais que possibilitem a administração de grande volume de medicamentos e soluções, bem como monitorizar funções vitais e garantir a homeostase do paciente sob anestesia. Também é função do anestesista garantir condições adequadas à equipe de cirurgia e de MNIO, considerando que muitas drogas e procedimentos anestésicos interferem no sangramento, relaxamento muscular e atividade elétrica cerebral, influenciando diretamente os registros em neurofisiologia clínica. Há um capítulo dedicado ao tema neste livro.[2]

O time de enfermagem é constituído pelo chefe do centro cirúrgico (embora possa haver mais de um), uma circulante em cada sala, um auxiliar de anestesia em cada sala e um instrumentador (também pode haver mais de um). Como a equipe de anestesia, a equipe de enfermagem pode mudar ao longo do dia, possibilitando intervalos de almoço e descanso previstos em lei. O enfermeiro chefe é responsável por tudo o que acontece no CC, coordenando a escala cirúrgica das salas, a distribuição das circulantes, a central de esterilização de materiais (apesar de muitas vezes haver um enfermeiro chefe exclusivo desta sessão), entre outras funções administrativas. Os atendentes são responsáveis por preparar a sala cirúrgica antes da cirurgia, trazendo para lá todo o material necessário. As circulantes são responsáveis por manter os ambientes de cada sala limpos, estéreis e seguros. Cabe a elas deixar à mão tudo o que a equipe cirúrgica demandar em termos de equipamentos e materiais necessários ao procedimento daquela sala. O instrumentador precisa conhecer os passos da cirurgia e todo o instrumental cirúrgico utilizado na mesma, para que possa oferecer ao cirurgião no momento em que necessita o que estiver sendo solicitado. Um bom instrumentador pode fazer a diferença em cirurgias longas ou que demandam a utilização de muitos instrumentos.[2]

Outros profissionais como técnicos em raios X para operar os arcos em "C", e os perfusionistas responsáveis por operar as máquinas de circulação extracorpórea também circulam muitas vezes pelos CCs. No Brasil, é comum que os hospitais terceirizem diversos serviços, entre eles os de MNIO. Desta forma, é frequente se deparar com técnicos e representantes de empresas que alugam neuronavegadores, aspiradores ultrassônicos, entre outros. Embora possa parecer confuso num primeiro momento, a rotina da equipe de MNIO acaba se adaptando rapidamente ao modelo aqui apresentado, deixando de representar um desafio em pouco tempo de prática.[2]

Equipamentos

Existem inúmeros equipamentos e máquinas no CC. É importante que a equipe de MNIO conheça esses equipamentos e máquinas para entender em que cirurgias são utilizados, para que servem e o momento em que serão utilizados. Muitos deles são fontes de interferências, e a identificação da fonte é o primeiro passo para resolver o problema.

As principais fontes de interferência no ambiente cirúrgico estão listadas abaixo, (**em negrito**) as mais comuns na experiência do autor:

- **Eletrocautério.**
- **Broca ou *"Drill".***
- **Mesa cirúrgica.**
- **Bombas de infusão.**
- **Aquecedores.**
- Circulação extracorpórea.
- **Microscópio.**
- **Arco em "C".**
- Ultrassonografia.
- **Equipamentos de anestesia.**
- **Aspirador ultrassônico.**
- *Cell saver.*
- Ressonância magnética.
- Tomógrafo – *"O-arm".*
- Equipamento de raios X.
- **Neuronavegador.**
- **Foco cirúrgico.**

Eletrocautério

Equipamento utilizado pelo cirurgião que utiliza uma corrente elétrica de alta frequência no tecido biológico, ocasionando corte, dissecção ou coagulação desse tecido (Fig. 7-1). É muito importante, pois reduz a perda de sangue durante a cirurgia, e permite trabalhar com o ferimento mais "limpo", possibilitando ao cirurgião melhor visão do campo de trabalho. É a principal fonte de interferência no sistema de MNIO. Muitos equipamentos modernos possuem *software* de detecção do eletrocautério, rejeitando o sinal durante seu uso ou simplesmente pausando temporariamente o registro durante seu uso. É importante lembrar que mesmo que não se rejeite, a interferência do eletrocautério é tão intensa que torna impossível o registro adequado e a interpretação do sinal durante seu uso. Outrossim, muitas vezes pode danificar o amplificador, motivo pelo qual é melhor que seja rejeitado seu registro fazendo-se uma pausa enquanto estiver sendo usado.[2]

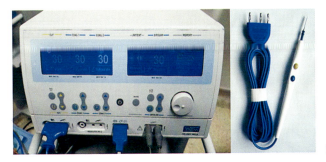

Fig. 7-1. Eletrocautério.

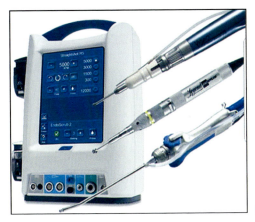

Fig. 7-2. Broca cirúrgica (*drill*).

Broca ou Drill

A broca cirúrgica, ou *drill* (Fig. 7-2), é um equipamento muito utilizado no centro cirúrgico, especialmente em cirurgias cerebrais e algumas cirurgias de coluna para perfurar ou ressecar tecido ósseo. Esse equipamento pode causar muita interferência na MNIO, especialmente nos casos onde é usado para fazer a craniotomia, onde a vibração pode interferir na promediação dos potenciais evocados. Nos potenciais auditivos, a vibração é transmitida aos ossículos da orelha ocasionando o mascaramento e a consequente redução da amplitude das respostas, muitas vezes atenuando-as por completo. Recomenda-se que seja feita pausa no registro durante seu uso, embora o simples registro de seu uso no histórico da MNIO seja suficiente para a interpretação de qualquer interferência naquele tempo cirúrgico.

Mesa Cirúrgica

As mesas cirúrgicas modernas são todas eletrônicas, permitindo a movimentação de suas partes para auxiliar o posicionamento do paciente de acordo com a necessidade da cirurgia (Fig. 7-3). Por esse motivo, boa parte delas são alimentadas por fontes de corrente alternada (tomada na parede). A identificação do problema é fácil, bastando desligá-la da tomada para verificar se a interferência desaparece. Não basta desligar no botão, é necessário retirá-la da tomada. A comunicação com a equipe cirúrgica e anestésica sobre o problema pode permitir que a mesa seja ligada apenas quando necessária a sua movimentação.

Fig. 7-3. Mesa cirúrgica.

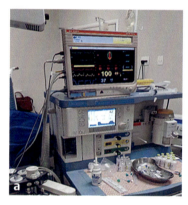

Fig. 7-4. (a) Carrinho de anestesia. (b) Bombas de infusão.

Equipamentos de Anestesia e Bombas de Infusão

Os carrinhos de anestesia são responsáveis pela ventilação do paciente durante o ato anestésico-cirúrgico, além de apresentar, pelos seus monitores, os sinais vitais do paciente (Fig. 7-4a). Além do carrinho com seus monitores, as bombas de infusão podem ser fontes de interferência e precisam ser lembradas durante a busca do neurofisiologista por um traçado sem artefatos (Fig. 7-4b).

Microscópio

Muitas cirurgias neurológicas demandam o uso do microscópio cirúrgico (Fig. 7-5). Este equipamento, para ser introduzido no campo estéril precisa ser recoberto por uma capa estéril específica. Essa medida permite ao cirurgião manuseá-lo sem que se contamine. Embora seja muito raro, o microscópio pode ocasionar interferência nos traçados da MNIO.

A grande maioria dos microscópios e equipamentos modernos de MNIO podem-se conectar, permitindo que a equipe de MNIO assista e grave as imagens do microscópio na tela de seu computador junto aos traçados da MNIO. Pode ser necessário o uso de cabos DVI (digital visual interface), BNC (Bayonet Neill-Concelman) ou S-vídeo (*separate video*), com adaptadores para as entradas do equipamento de MNIO ou do computador (USB – *universal serial bus*).

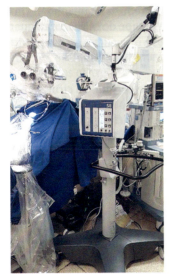
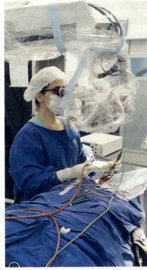

Fig. 7-5. Microscópio.

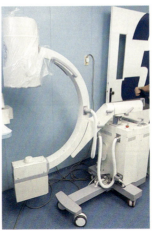

Fig. 7-6. Intensificador de imagem – arco em "C".

Equipamento de Raios X e Arco em "C"

Aparelhos portáteis de raios X são muito utilizados nas cirurgias de coluna e utilizam radiação ionizante (Fig. 7-6). A equipe de MNIO deve atentar para o risco de exposição à radiação e utilizar aventais e colares protetores. Os intensificadores de imagem utilizam corrente elétrica e permitem que raios X sejam feitos de forma contínua, possibilitando registro de imagens dinâmicas. Especialmente os intensificadores podem ocasionar interferência quando se aproxima o colimador das caixas amplificadoras posicionadas embaixo da mesa.

Aspirador Ultrassônico

O aspirador ultrassônico é um sistema de sucção cuja ponta vibra em frequência ultrassônica, permitindo a dissolução e fragmentação do tecido que, após diluição com a irrigação simultânea também feita pelo aparelho, permite que este tecido seja aspirado sempre munida de suprimentos suficientes para mais de um tipo de cirurgia. Trabalhar com a mesma equipe cirúrgica em um mesmo hospital melhora a comunicação e certamente se reflete nos resultados das cirurgias. Materiais como fitas adesivas, gaze, seringas, cera de osso, álcool, entre outros, estão sempre disponíveis nos hospitais. O material descartável da MNIO pode estar disponível em muitos hospitais brasileiros sob a forma de *kits* de monitorização. Onde estes *kits* não estão disponíveis, é necessário que a equipe de MNIO leve seus próprios suprimentos. É importante ter ciência de que este procedimento (levar os descartáveis consigo) tende a desaparecer, uma vez que há recomendações da própria ANVISA para que os hospitais considerem a implantação de recursos que permitam a rastreabilidade de materiais cirúrgicos.[2]

Os equipamentos dedicados à MNIO possuem instalados de fábrica muitos protocolos para a realização de inúmeros procedimentos, entretanto, é fundamental que a equipe de MNIO saiba programar um protocolo a partir do zero. Considerando que cada caso deva ser avaliado individualmente, não é raro que sejam necessárias modificações em protocolos já prontos para se adequarem à necessidade de determinado paciente. Os registros dos dados que identificam o paciente, da história da doença atual, das doenças prévias, das informações da cirurgia, da anestesia e das equipes envolvidas, bem como o registro das linhas de base antes do início do procedimento são obrigatórios. O detalhamento do material utilizado, com dados como lote, validade e registro ANVISA devem também fazer parte do registro. Todos os acontecimentos e principais tempos da cirurgia devem ser registrados, se possível com *prints* das telas para constituírem um histórico da MNIO. Ao final da cirurgia, o detalhamento dos registros e a comparação com os registros de base com os comentários pertinentes e recomendações devem fazer parte de um laudo. É responsabilidade da equipe de MNIO a colocação dos eletrodos após a indução anestésica para que o paciente não sinta dor, bem como a retirada dos eletrodos antes que o paciente desperte. Em hipótese alguma a equipe de MNIO deve deixar a sala cirúrgica antes do término da cirurgia, mesmo que a equipe cirúrgica dispense a MNIO. Para evitar acidentes decorrentes do manuseio dos eletrodos por pessoas não habituadas com o seu uso e o seu posicionamento, a equipe de MNIO não deve solicitar que outros profissionais retirem os eletrodos.[2]

O regime anestésico adotado na cirurgia deve ser discutido com a equipe anestésica de modo a permitir que se obtenha o adequado registro dos traçados. Deve-se explicar a necessidade do neurofisiologista clínico sem deixar de considerar que a equipe anestésica também tenha como objetivo o melhor para o paciente em termos de conforto e segurança. A equipe de MNIO deve, ainda, ter acesso a informações sobre a pressão arterial, temperatura e outras condições monitorizadas pelo anestesista e que podem interferir na MNIO. Toda medicação utilizada ou desvio do protocolo acordado no início da cirurgia devem ser comunicados à equipe cirúrgica e à equipe de MNIO, evitando problemas que possam interferir no bom andamento da cirurgia. Todos os detalhamentos das drogas utilizadas e do momento em que foram instituídas devem ser registrados no histórico.[2]

Um ponto muito importante durante a preparação para a MNIO diz respeito à segurança elétrica e aterramento do paciente. A importância desse tema torna necessário seu detalhamento em um capítulo deste livro.

O posicionamento dos fios dos eletrodos, cabos e caixas amplificadoras e estimuladoras devem sempre levar em conta os procedimentos que serão necessários no decorrer da cirurgia, como o uso do arco em "C", a posição dos cirurgiões, microscópio, e demais instrumentos, mesas auxiliares etc. Antes e após a cirurgia, os equipamentos e os cabos devem ser inspecionados quanto à sua integridade e desinfecção.

Vimos no início deste capítulo que o CC é um ambiente controlado, especialmente no que diz respeito a infecções. Por esse motivo, a equipe de MNIO deve estar atenta ao cumprimento das normas que regulamentam o fluxo de pessoal, de equipamentos e de materiais no CC. Partindo-se sempre do princípio que toda secreção que contenha sangue está contaminada, toda precaução deve ser tomada para evitar seu contato. Uso de luvas, lavar as mãos, usar máscaras, gorros e propés, além de usar antisséptico para limpar o equipamento, caixas e cabos, são medidas obrigatórias. Eletrodos de agulha devem ser contados antes de seu posicionamento, para que não se esqueça de retirá-los ao final da cirurgia, quando devem ser recontados. O uso de álcool na pele antes de colocar o eletrodo é recomendado. O descarte dos eletrodos de uso único, especialmente as agulhas, deve ser feito no local apropriado para materiais perfuro cortantes.

A literatura americana aborda a conduta e a postura da equipe de MNIO no CC como normas de etiqueta. Embora não deixe de ser verdadeira, adotamos em nosso livro o termo "código de conduta" para explicar como os membros da equipe de MNIO devem-se comportar no centro cirúrgico, e em especial na sala cirúrgica. Muitos hospitais possuem normas próprias que devem obrigatoriamente ser seguidas pela equipe de MNIO. Informar-se antes é muito importante, zelando para uma comunicação adequada ao ambiente, respeitando não apenas as regras do lugar, mas a hierarquia das equipes envolvidas. Conversas em sala devem se restringir à comunicação necessária ao bom andamento da cirurgia ou à instrução de um *fellow*, de um técnico ou de um residente. O uso de celulares dentro da sala cirúrgica é desaconselhado, pois além de distrair a atenção dos responsáveis pela MNIO, ocasionam barulho desnecessário ao procedimento. Sugerimos que se deixe o telefone celular fora da sala ou no silencioso a fim de evitar seu uso desnecessário. A comunicação com as demais equipes deve ser feita em alto e bom som, não deixando dúvidas sobre a informação que se deseja dar. Essa informação deve ser registrada no histórico, assim como a resposta do cirurgião e as medidas adotadas pelas demais equipes. Recomendamos que ao final da cirurgia a equipe aguarde o paciente despertar para avaliar as funções monitorizadas antes de deixar o CC. Muitas vezes isso não é possível, pois os doentes são encaminhados sob sedação para a UTI. Deve-se, neste caso, anotar essa informação para justificar o fato de você não conhecer o estado neurológico do paciente ao acordar da cirurgia.

CONTRAINDICAÇÕES À MNIO

À exceção do potencial evocado motor, não existem contraindicações às outras técnicas utilizadas em MNIO. Mesmo no caso do potencial evocado motor, cada caso deve ser analisado individualmente pela equipe cirúrgica e pela equipe de MNIO, pois muitas das contraindicações teóricas não foram demonstradas cientificamente. São consideradas como contraindicações ao uso de potenciais evocados motores com estimulação transcraniana em serviços nos EEUU: epilepsia prévia, lesões corticais, defeitos da convexidade do crânio, pressão intracraniana elevada, doença cardíaca, medicações ou anestésicos que favorecem a ocorrência de crises epilépticas, eletrodos intracranianos, clipes ou *shunts* vasculares intracranianos, **marca-passos cardíacos** e **outros sistemas eletrônicos implantados** (**neuroestimuladores**, **implante coclear**, **entre outros**). No Brasil, consideramos contraindicações ao potencial evocado motor apenas a presença de marca-passos cardíacos e sistemas eletrônicos implantados.[3]

DOCUMENTAÇÃO

A documentação da MNIO, como qualquer outro procedimento médico, deve conter toda informação que se possa registrar sobre o que foi realizado. No Brasil, a resolução do CFM 2136-2015 prevê o preenchimento pelo paciente de um termo de consentimento livre e esclarecido (TCLE) para a MNIO, assim como a redação de um laudo completo da MNIO. Na própria resolução, pode-se encontrar uma proposta destes documentos em seus Anexos I e II. Ao final deste capítulo, anexamos o TCLE e o modelo de laudo que utilizamos na rotina de nosso serviço. Estes documentos estão de acordo com a Resolução CFM anteriormente citada. Além do TCLE e do Laudo, anexamos o histórico da cirurgia, onde se encontra as descrições e os *prints* de tela em cada momento da cirurgia, em ordem cronológica.[4]

Embora para muitos dos leitores deste livro as informações aqui expostas possam parecer muito básicas, elas congregam, além das normas e códigos de conduta, a experiência acumulada pelos autores ao longo dos seus anos de prática. Muitas das informações aqui fornecidas são fundamentais para aqueles que desejem se iniciar nessa apaixonante área da neurofisiologia clínica: a MNIO.

ANEXO 1

LOGO DA CLÍNICA	**LAUDO DE MONITORAÇÃO NEUROFISIOLÓGICA INTRAOPERATÓRIA**

Rua XXXXXXXXXXXXXXXXXX, Bairro – Cidade – Estado. CEP: 00000-000 F:(00) 00000000 - 00000000
www.xxxxxxx.med.br

ID-MNIO:	0000	**Nome:**	XXXXXXXXXXXXXXXXXXXXXXXX
Prontuário:	0000000000	**Diagnóstico:**	XXXXXXXXXXXXXXXX
Sexo:	XXXXXXXXXX	**Cirurgiões:**	Dr. XXXXXX, Dr. XXXXXXX
DN e Idade:	00/00/0000, 00a	**Anestesistas:**	Dr. XXXXXXX
Data:	00/00/0000	**Departamento:**	XXXXXXXXXXXXXX
Inicio MNIO:	00:00h	**Neurofisiologistas:**	Dr. XXXXXXXX
Fim MNIO:	00:00h	**Técnico:**	XXXXXXXXX
Hospital:	Hospital XXXXXXXXXXXXXXX		
História Resumida:	Redigir breve histórico com antecedentes relevantes para a MNIO		

Técnicas Utilizadas:

1) Eletroencefalografia contínua com ou sem análise espectral para avaliar crises, isquemia e/ou nível de sedação.
2) Eletrocorticografia contínua com ou sem análise espectral para avaliar a ocorrência de crises, isquemia e nível de sedação.
3) TOF – trem de quatro estímulos para avaliar bloqueio neuromuscular.
4) Potenciais evocados somatossensitivos com estímulos nos membros e registro no escalpe e/ou epidural.
5) Potenciais evocados motores por estímulo elétrico transcraniano e registro muscular e/ou epidural.
6) Análise de reversão de fase do potencial evocado somatossensitivo para localização do sulco central.
7) Potenciais evocados motores por estímulo elétrico cortical direto por trens de alta frequência.
8) Mapeamento de área motora por estímulo elétrico cortical direto por trens de alta frequência.
9) Mapeamento de área motora/fala por estímulo elétrico cortical direto de baixa frequência.
10) Potenciais evocados motores por estímulo elétrico subcortical direto por trens de alta frequência.
11) Potenciais evocados auditivos de tronco encefálico.
12) Potenciais evocados visuais.
13) Potenciais evocados motores corticobulbares por estímulo elétrico transcraniano e registro muscular.

14) Eletromiografia contínua e/ou estimulada dos nervos periféricos e/ou nervos cranianos.
15) Eletromiografia estimulada com técnica de pulso simples dos níveis radiculares de T11 a S1 (pedículos e parafusos pediculares).
16) Eletromiografia estimulada com técnica de trem de 4 pulsos elétricos dos níveis radiculares de T4 a T10 (pedículos e parafusos pediculares).
17) Estudo de condução nervosa através do potencial de ação do nervo periférico (NAP).
18) Estudo do fluxo sanguíneo cerebral por meio do micro-Doppler.
19) Outros.

Material Utilizado:

- 01 Sistema XXXXXX de 32 canais da XXXXXXXXX. ANVISA 000000000000000
- 10 Eletrodos de Agulha Subdérmica Corkscrew XXXXXXXXX. ANVISA 000000000000000
- 02 Eletrodos de Agulha Subdérmica Simples XXXXXXXXX. ANVISA 000000000000000
- 16 Eletrodos de Agulha Subdérmica Trançada XXXXXXXXX. ANVISA 000000000000000
- 08 Eletrodos de Superfície XXXXXXXXX. ANVISA 000000000000000
- 01 *Probe* Monopolar XXXXXXXXX. ANVISA 000000000000000
- 01 *Probe* Bipolar XXXXXXXXX. ANVISA 000000000000000
- 01 Eletrodo de laringe XXXXXXXXX. ANVISA 000000000000000
- 02 Eletrodo epidural XXXXXXXXX. ANVISA 000000000000000
- 01 Eletrodo de fita com 6 contatos XXXXXXXXX. ANVISA 000000000000000

Descrição das Técnicas e Parâmetros Utilizados:

- **Equipamento:** Sistema XXXXXX de 32 canais da XXXXXXXXX, permitindo a utilização simultânea de até 32 canais para registro multimodal das técnicas abaixo listadas.
- **Eletroencefalografia (EEG):** realizada continuamente com as montagens anteriores de C3'-Fz, Cz'-Fz e C4'-Fz para monitoração do nível de sedação (anestesia).
- **Eletrocorticografia (ECoG):** realizada continuamente com as montagens monopolares do eletrodo de fita com 6 contatos XXXXXXXXX referenciados em Fz para monitoração do nível de sedação (anestesia) e a ocorrência de isquemia e/ou crises epilépticas.
- **Trem de 4 estímulos (TOF):** realizado no início da MNIO e sempre que necessário para avaliar a existência e/ou intensidade do bloqueio neuromuscular.
- **Potencial Evocado Somatosssensitivo (PESS):** realizado com estímulos elétricos dos nervos XXXXXXXXXXXXX nos pulsos, e XXXXXXXXXXXXX nos tornozelos com eletrodos de superfície, com pulso quadrado de 200 us de duração nos MMSS e 500 us nos MMII, e intensidade titulada pelo limiar motor. Registro com base de tempo de 7 a 10 ms/div para os MMSS e 15 a 20 ms/div para os MMII, com a sensibilidade variando de 0,5 a 5,0 µV/cm mostrando antes do início do procedimento respostas reprodutíveis e confiáveis captadas com eletrodos de agulha subdérmica corkscrew dispostos em montagens no escalpe utilizando C3', C4', Cz' e Fz. Montagens subcorticais em C5s e periféricas em Erb ipsolateral e contralateral e/ou poplíteas. Realizados estímulos contínuos, interrompidos apenas durante outros testes que também demandam a estimulação elétrica.
- **Potencial Evocado Somatossensitivo (PESS):** realizado com estímulos elétricos do nervo mediano no pulso (ou do nervo tibial posterior no tornozelo) contralateral ao córtex

CAPÍTULO 7 ▪ INICIANDO NO CENTRO CIRÚRGICO

cerebral explorado, com eletrodos de superfície, utilizando pulso quadrado de 200 us de duração e intensidade titulada pelo limiar motor. Registro com base de tempo de 10 ms/cm, sensibilidade variando de 5 a 30,0 μV/div mostrando no registro subdural realizado através de eletrodo de fita de 6 contatos XXXXXXX a presença de reversão de fase de N20 entre os contatos X e Y.

- **Potencial Evocado Motor (PEM):** realizado com estímulos elétricos transcranianos por trem de 00 estímulos com 75 μV de duração e intervalos de 00 ms aplicados por meio de eletrodos de agulha subdérmica *corkscrew*, e captação com eletrodos de agulha subdérmica pareada trançada colocadas nos mm. xxxxxxxxxxxxxxx (controle), xxxxxxxxxxxxxxxx, xxxxxxxxxxxxxxx, xxxxxxxxxx, xxxxxxxxx, e xxxxxxxxx. Registros obtidos com base de tempo de 20 ms/div e sensibilidade de 200 μV/div, aplicados de 5/5 minutos, podendo ser intensificados sempre que necessário.
- **Potencial Evocado Auditivo (PEA)...**
- **Potencial Evocado Visual (PEV)...**
- **Potencial Evocado Corticobulbar (PEMCo)...**
- **EMG Contínua (EMGc)** e **Estimulada (EMGe):** dos mm. xxxxxxxxxxxxxxx (controle), xxxxxxxxxxxxxxxx, xxxxxxxxxxxxxxx, xxxxxxxxxx, xxxxxxxxx, e xxxxxxxxx, realizadas por meio de eletrodos de agulha subdérmica pareada trançada, registradas com sensibilidade de 50 μV/cm e base de tempo de 10 a 50 ms/div na EMGc; e sensibilidade de 50 a 500 μV/div, com base de tempo de 5 a 20 ms/div na EMGe. Registro contínuo realizado durante toda a cirurgia. Estimulação realizada durante procedimento de colocação dos parafusos pediculares através de sonda estimuladora monopolar com duas técnicas: 1) avaliar comprometimento radicular com pulso quadrado único de 200 us de duração e limiar de 10 mA para raízes lombares e torácicas baixas (T11 e T12) nesta técnica o registro é feito no músculo correspondente ao miótomo testado; 2) avaliar violação do pedículo medialmente com trem de 4 pulsos de 200 us de duração com ISI de 4 ms, limiar de 10 mA para o trajeto e 30 mA para o parafuso, e frequência de estimulação de 3 Hz. Nesta técnica o registro é feito nos músculos dos MMII; em cada nível e técnica foram medidos os limiares automaticamente.

Descrição do Procedimento:

1. Anestesia Geral:
   - Pré-anestésico:
     - Indução: Propofol, Fentanil e BNM com atracúrio.
     - Manutenção: com Propofol e Sulfentanil, com uso de Atracúrio apenas na indução, não apresentando intercorrência relevante.
2. Colocados os eletrodos conforme a montagem descrita. Impedância medida e OK.
3. Realizada MNIO multimodal simultânea com as técnicas acima descritas.
4. Registros das linhas de base estáveis com variabilidade inferior a 30% nos PESS.
5. Iniciada a MNIO 00:00 hora.
6. Descrever a MNIO comparando valores antes e após a colocação de implantes, limiares de parafusos pediculares, entre outras informações relevantes.
7. Descrever as intervenções _____.
8. Descrever o resultado das intervenções _____.
9. Outras intercorrências _____.

7. Crises epilépticas: (risco estimado < 1%).
8. Quebra dos eletrodos de agulha: (risco estimado < 0,1%).
9. Resultados falso-negativos: (risco estimado < 1%).
10. Outros riscos, se houver: _____

Estou ciente também de que devo informar (ao médico que realizará a MNIO) se eu for portador de implantes eletrônicos como marca-passo cardíaco, desfibrilador cardíaco automático, estimuladores cerebrais profundos e implantes cocleares.

Alternativas
Eu entendo que tenho a escolha de não ser submetido ao procedimento chamado Monitorização Neurofisiológica Intraoperatória durante minha cirurgia.

Caso eu decida não me submeter à MNIO
Reconheço que meu médico explicou os riscos associados à realização da cirurgia sem a MNIO e estou ciente de que posso suspendê-la sem que este fato implique qualquer forma de constrangimento entre mim e o médico.

Autorizo o Centro de Neurologia de Campinas a fazer uso das informações relativas ao meu exame, para fins de pesquisa, desde que assegurado o anonimato.

Declaro, finalmente, ter compreendido e concordado com todos os termos deste termo de consentimento.

Assim, faço-o por livre e espontânea vontade, conforme a solicitação do meu médico.

Data do exame: _____/_____/_____.

IDENTIFICAÇÃO DO PACIENTE
Paciente: _____
Documento de identidade: _____
Sexo: ( ) Masculino ( ) Feminino   Idade: _____
Endereço: _____
Cidade: _____   CEP: _____
Telefones com DDD: _____

Assinatura do paciente ou do responsável legal

_____

Responsável legal (quando for o caso – menores de 18 anos ou idosos com restrição)

_____

Documento de identidade do responsável legal

_____

Observação: O preenchimento completo deste Termo e sua respectiva assinatura são imprescindíveis para a realização do exame.

REFERÊNCIAS BIBLIOGRÁFICAS

1. AORN. Recommended practices for peroperative nursing: Section 3. In: Fogg D. *Standards, Recommended Practices, and Guidelines.* Denver: AORN, 2004. p. 209-399.
2. Ashton KH, Shah D, Husain AM. Introduction to the operating room. In: Husain AM. *A practical approach to neurophysiological intraoperative monitoring.* New York: Demos Medical Publishing; 2008. p. 3-19.
3. MacDonald DB. Safety of intraoperative transcranial electrical stimulation motor evoked potential monitoring. *J Clin Neurophysiol* 2002;19:387-95.
4. Diário Oficial da União de 01.03.2016, seção I, p. 71 Resolução CFM 2136-2015 de 11 de dezembro de 2015.

Parte II
Técnicas de Neurofisiologia Clínica para MNIO

POTENCIAIS EVOCADOS AUDITIVOS

CAPÍTULO 8

Paulo André Teixeira Kimaid

Chamamos de som a percepção das vibrações transmitidas por meios condutores sólidos (elásticos), líquidos ou gasosos com frequências na faixa de 20 a 20.000 Hz que os órgãos auditivos são capazes de detectar. O som pode ser medido, e sua unidade de medida no Sistema Internacional é o Pascal (Pa), que equivale à medida de 1 newton por metro quadrado (1 Pa = 1 N/m²). O Pascal mede, portanto, o nível de pressão da coluna de ar que separa a "origem" (p. ex., um alto-falante), de nossos ouvidos (do inglês, *sound pressure level* ou, simplesmente, SPL). Como a percepção auditiva varia de forma logarítmica, adotamos uma escala logarítmica desses níveis de pressão audíveis pelo ouvido humano. A unidade de medida dessa escala logarítmica é o Bel (B), e um décimo do Bel é o decibel (1 dB = 10⁻¹B). Medido em decibéis *Sound Pressure Level* (dBSPL), o limiar auditivo varia com a frequência. A menor intensidade de som que somos capazes de ouvir na frequência de 1.000 Hertz (1.000 Hz) é 20 micropascais (20 μPa), o que chamamos de limiar auditivo. Esse valor é a referência para as demais medidas de níveis de pressão. Somos capazes de discriminar o som até 20 Pascais, sendo 100 Pascais o limiar de dor. Observe que a escala em Pascais é muito extensa, da ordem de milhões de unidades. Como o ouvido humano responde de forma logarítmica ao aumento da intensidade do som, o nível de pressão do som em dBSPL é dado pela fórmula *20 Log p/p0* (onde *p* é a pressão final e *p0* a pressão inicial), o limiar auditivo de 20 μPa é igual a 0 dBSPL (zero decibéis *sound pressure level*). Já o limiar de dor ocorre por volta de 100 Pa, ou a 10⁶ μPa, e equivale a 134 dBSPL (Fig. 8-1).[1]

Não existe um padrão de calibração da intensidade do estímulo auditivo que usamos, sendo adotados dois métodos em neurofisiologia clínica: no primeiro usamos *clicks* próximos ao limiar, apresentados individualmente na frequência de 1-2 Hz. Essa técnica nos permite o registro do limiar subjetivo da sensação auditiva (do inglês, *sensation level*). Isso permite que o estímulo de cada orelha seja feito na mesma intensidade, eliminando possíveis déficits sensoriais. A unidade de medida será o dBSL (*decibel sensation level* – dBSL). No segundo caso, como a habilidade de resposta do paciente em responder ao estímulo é subjetiva, alguns laboratórios preferem utilizar a comparação com uma população jovem normal (10-20 indivíduos). A unidade de medida neste caso é o dBnHL (do inglês, *decibel normal hearing level* ou, simplesmente, *hearing level*).[1]

ANATOMOFISIOLOGIA DA AUDIÇÃO

O som se propaga através de ondas sonoras que são o resultado da pressão exercida sobre a coluna de ar que separa o estimulador (p. ex., alto-falante), de nossas membranas timpânicas. Essas ondas, ao se colidirem com a membrana timpânica, promovem sua

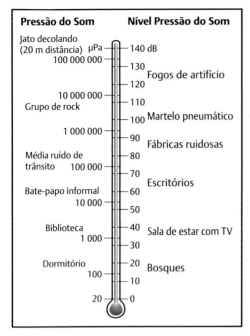

Fig. 8-1. Comparação de medidas do som: pressão do som (Pa) e níveis de pressão do som (SPL).

vibração em frequências diversas. Essa vibração é transmitida para a cóclea, órgão em forma espiralada revestido internamente por células ciliadas. A movimentação destes cílios desencadeia potenciais locais, cuja somação pode resultar em um potencial de ação. Este potencial percorrerá a via auditiva periférica e central (Fig. 8-2). A partir da cóclea, o impulso elétrico percorre a via auditiva, fazendo conexões em diversos relês neurais, estruturas do tronco encefálico, gerando potenciais que podem ser registrados no escalpe.

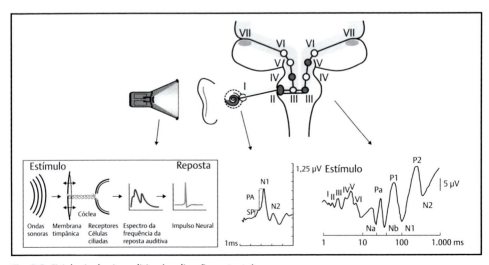

Fig. 8-2. Fisiologia da via auditiva (explicação no texto).

CAPÍTULO 8 • POTENCIAIS EVOCADOS AUDITIVOS

Esses potenciais são os potenciais evocados auditivos ou potenciais evocados de tronco encefálico (PEA-Tc). O potencial evocado auditivo permite avaliar a condução nervosa da via auditiva periférica e central por meio das medidas de latência e amplitude de respostas reprodutíveis e confiáveis a um estímulo auditivo padronizado, neste caso o *click*. Mais adiante falaremos sobre o estímulo. O sinal eletrofisiológico registrado mais precocemente na via auditiva é originado na cóclea, a eletrococleografia (Fig. 8-2).[2,3] A eletrococleografia não é objeto deste livro, pois raramente é utilizada para MNIO.

Os sinais eletrofisiológicos de mais longa latência que aparecem logo após o sinal da cóclea são chamados de *potenciais evocados auditivos* e podem ser divididos segundo a latência em: curta latência (respostas com menos de 10 ms); média latência, respostas entre 10 e 50 ms; e longa latência, respostas acima de 50 ms. Em nosso capítulo abordaremos apenas o potencial evocado auditivo de curta latência (Fig. 8-2). Os PEA de curta latência possuem grande aplicação diagnóstica na prática clínica em razão da alta consistência e reprodutibilidade, bem como fácil registro.[3] São quase idênticos em vigília e sono e sofrem mínimas mudanças durante anestesia ou sedação.[3] As respostas de média e longa latência não serão abordadas por conta de sua sensibilidade à sedação. Considerando que abordaremos o estudo eletrofisiológico da via auditiva no tronco encefálico, é imprescindível o conhecimento desta anatomia. As ondas sonoras passam pelo canal auditivo externo e alcançam a membrana timpânica, fazendo-a vibrar. Essa vibração é transmitida para os ossículos da orelha média (bigorna, martelo e estribo). As vibrações são transmitidas pela janela oval na plataforma do estribo, fazendo com que a onda de vibração flua pela endolinfa da cóclea na orelha interna. A cóclea possui um formato espiralado, cuja organização das frequências assim se distribui: mais baixas ou graves na sua porção apical, e mais altas ou agudas em sua porção basal. Essas ondas vibram a membrana basal do órgão de Corti movimentando os cílios das células ciliadas internas e externas desencadeando o potencial de ação que se transmite para os neurônios bipolares que formam o gânglio espiral e a partir deste o nervo coclear.

Num corte transversal da cóclea observamos as cavidades da escala timpânica e escala vestibular, e na porção central o ducto coclear com o órgão de Corti. Em sua membrana basal, se apoiam as células ciliadas internas e externas que se conectam aos neurônios bipolares do gânglio espiral. O potencial de ação originado na cóclea trafegará pela via auditiva passando pelo nervo coclear até os núcleos cocleares ventrais e dorsais na porção inferior e lateral da ponte. Destes enviará conexões para os complexos olivares superiores de ambos os lados em nível do bulbo (olivas), seguirá, então, bilateralmente para os lemniscos laterais (núcleos dos lemniscos laterais) e destes para os colículos inferiores. Dos colículos inferiores farão conexão com o corpo geniculado medial e então para o córtex auditivo primário no lobo temporal (Fig. 8-2).[2-4]

GERADORES

A onda I representa o potencial de ação do VIII nervo. A onda II representa tanto a porção proximal do VIII nervo ipsolateral, como o núcleo coclear ipsolateral. A onda III representa os núcleos olivares superiores e corpo trapezoide. Neste ponto passa a ser possível o registro bilateral da resposta. A onda IV representa a ativação do núcleo e axônios do lemnisco lateral. A onda V representa a ativação do colículo inferior, e as ondas VI e VII, acredita-se que sejam originadas no corpo geniculado medial e vias talamocorticais (Fig. 8-3).[2-4]

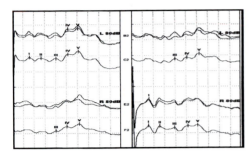

Fig. 8-3. Registro PEA-Tc bilateral, após estímulos com 80 dB à esquerda (L) e à direita (R), respectivamente. Mascaramento contralateral com 40 dB.

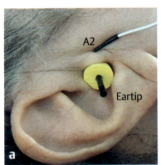

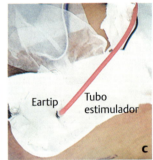

Fig. 8-4. *Eartip* inserido no conduto auditivo externo direito com eletrodo de captação A2 (agulha hipodérmica) posicionado no trágus (**a**) e vedação com esparadrapo para evitar entrada de líquido (**b, c**). Tubo vermelho do estimulador conectado ao *eartip* (**c**).

ESTÍMULO

Fones de ouvido convencionais são capazes de realizar o *click* em resposta a um pulso elétrico quadrado (50-100 us), entretanto, seu uso no centro cirúrgico não é viável, sendo utilizados fones de inserção como o da Figura 8-4. O estímulo deve ser máximo para cada ouvido, sendo recomendável 65 a 70 dB acima do limiar auditivo de cada lado, lembrando que muitos pacientes podem apresentar assimetria dos limiares auditivos (p. ex., tumor de ângulo ponto cerebelar). A frequência de estímulo considerada ideal é de cerca de 10 Hz, devendo-se evitar os harmônicos de 60 Hz, utilizando frações a 9,1 e 11,1 Hz. Em cirurgias que necessitem da promediação de até 3.000 estímulos, muitas vezes é necessário utilizar frequências 27 e 33 Hz, o que reduz bastante a amplitude das respostas. A estimulação deve ser sempre monaural: por convenção costumamos fazer no consultório o lado esquerdo primeiro, depois o direito. No centro cirúrgico estimulamos alternadamente o lado esquerdo e o direito. Deve haver mascaramento por meio do ruído branco no ouvido contralateral, na intensidade 40 dB a menor que a intensidade da estimulação. Os pulsos elétricos ocasionam movimentos de compressão da coluna de ar, a condensação; ou de sucção da coluna de ar, a rarefação, de acordo com sua fase (positiva ou negativa). Pode-se, ainda, usar a alternância destes estímulos (pulsos elétricos bifásicos).[3,4]

REGISTRO

Utilizamos eletrodos subdérmicos de agulha do tipo simples e do tipo *corkscrew* para registro dos PEA no centro cirúrgico. Considerando que as ondas de II a V do PEA são potenciais de campo distante, alguns aparelhos já as apresentam com deflexão para cima

CAPÍTULO 8 ▪ POTENCIAIS EVOCADOS AUDITIVOS

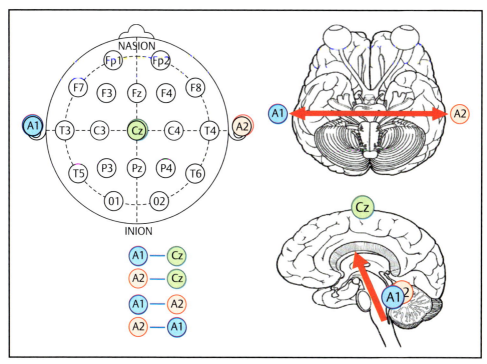

Fig. 8-5. Montagens sugeridas para o registro dos potenciais evocados auditivos de curta latência (PEA-Tc).

(embora sejam ondas positivas e devessem apresentar deflexão para baixo). Considerando essa particularidade, tomamos a liberdade de inverter as entradas dos eletrodos aqui apresentados como ativos em A1 e A2, e referência em Cz. Utilizamos dois canais pois há necessidade do registro bilateral para adequada individualização da onda V que é melhor identificada na montagem contralateral, uma vez que 60% das fibras da via auditiva cruzam para o lado oposto (Fig. 8-5). O registro demanda pelo menos 4 canais: canal 1: A1-Cz; canal 2: A2-Cz; canal 3: A1-A2; e canal 4: A2-A1. A onda I é o único potencial de campo próximo (*near-field*), as demais são potenciais de campos distantes (*far-fields*), por esse motivo a montagem extra para o registro das ondas I deve ser considerada.[2-4]

O *setup* do amplificador está resumido no Quadro 8-1.

Quadro 8-1. *Setup* do Equipamento para o Registro do PEA-TC

Setup do amplificador	
Sensibilidade	0,2 a 2 μV/div
Filtro de baixa	10 a 100 Hz
Filtro de alta	1,5 a 3 kHz
Tempo de análise	1 a 1,5 ms/div
Promediação	1.000 a 2.000 (depende da RSR)

Na maioria das lesões do tronco encefálico há alterações dos PEA, especialmente nos tumores, dos quais os mais comuns são os gliomas pontinos. Nos tumores extra axiais é mais difícil que haja alterações no PEA. Desde que não haja alterações nas técnicas de registro, a replicação das amplitudes do PEA num mesmo indivíduo é muito consistente, característica indispensável para a MNIO. Sendo assim, o comprometimento intraoperatório das vias pode ocasionar a redução da amplitude antes das alterações de latências. São utilizados os seguintes critérios de alarme para os potenciais evocados auditivos: redução de 50% das amplitudes basais das ondas I, III e V, especialmente da razão de amplitudes onda V:I (Fig. 8-8); e o aumento da latência absoluta da onda V, ou dos intervalos I-III, III-V ou I-V, em mais de 1 ms.[3,6,7]

Quando observamos alterações nos PEA durante a MNIO, a sequência de identificação das possíveis causas deve ser: 1. problemas técnicos precisam ser afastados (p. ex., ruído de cautério ou microscópio, eletrodos, protocolos inadequados, dobrar o tubo do estimulador etc.); 2. mecanismos fisiológicos (p. ex., anestesia – alterações mínimas; hipotermia – 7%/1ºC; hipovolemia; *drill* ou craniótomo – mascaramento do estímulo por condução óssea); 3. alterações verdadeiramente positivas por comprometimento da via monitorada.

Entre as alterações verdadeiras no PEA, as forças mecânicas de compressão e tração (Fig. 8-9), as lesões térmicas pelo uso do cautério ou o aquecimento pelo *drill* próximo ao nervo, e a isquemia causada pelo comprometimento vascular inadvertido, são as causas mais frequentes.

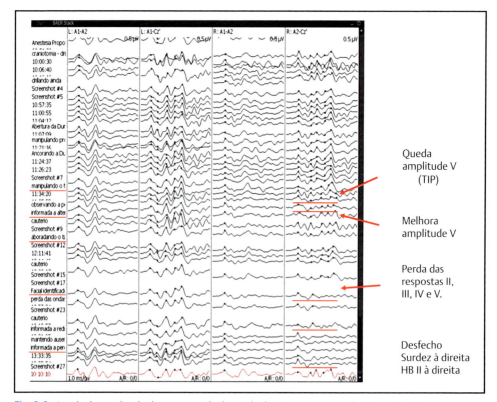

Fig. 8-8. Queda da amplitude do PEA seguida de perda da resposta associada à lesão do VIII nervo durante ressecção de um schwannoma vestibular (TIP – papaverina).

CAPÍTULO 8 • POTENCIAIS EVOCADOS AUDITIVOS

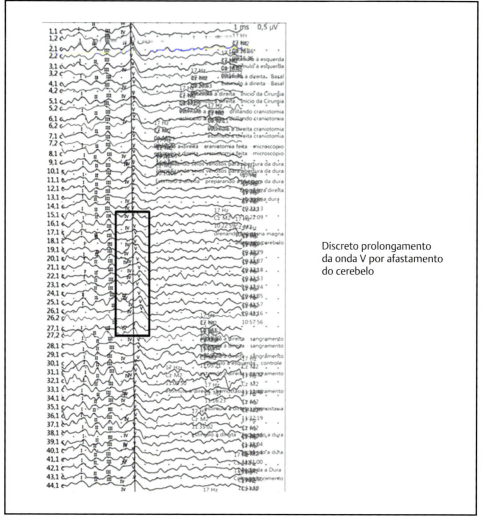

Fig. 8-9. Histórico do registro de potenciais evocados auditivos durante cirurgia de descompressão vascular do nervo trigêmeo, mostrando o prolongamento não significativo (< 1 ms) da onda V durante o afastamento do cerebelo.

REFERÊNCIAS BIBLIOGRÁFICAS

1. Niznik Greg. A Buyer's guide to monitoring equipment. In: Husain AM. *A practical approach to neurophysiological intraoperative monitoring.* New York: Demos Medical Publishing, LLC; 2008. p. 77-9.
2. Moller AR. Auditory neurophysiology. *J Clin Neurophysiol* 1994;11:284-308.
3. Carter JL. Brainsten auditory evoked potentials in central disorders. In: Daube J and Rubin D. *Clinical Neurophysiology.* Reino Unido: Oxford University Press; 2016. p. 281-93.
4. Chiappa KH. *Evoked potentials in clinical medicine* 3rd ed. Philadelphia: Lippincott-Raven; 1997. p. 31-130.

PARTE II • TÉCNICAS DE NEUROFISIOLOGIA CLÍNICA PARA MNIO

- Vantagens do PESS na MNIO:
  - Possuem critérios bem estabelecidos para alarme (padrão ouro).
  - Efeitos dos anestésicos sobre as respostas já bem estabelecidos.
  - Pode ser feito nos pacientes submetidos a bloqueadores neuromusculares.
  - Possui alta sensibilidade (falso-negativos de 0,063%).
  - Possui alto valor preditivo negativo (99,93%).
- Desvantagens do PESS na MNIO:
  - A promediação necessária pode demorar cerca de 1 a 2 minutos.
  - Avalia apenas os cordões posteriores da medula.
  - Podem não ser registráveis na presença de polineuropatias graves.
  - São muito sensíveis a ruídos elétricos externos.

Em situações de boa qualidade técnica, boa reprodutibilidade, baixa rejeição e elevada relação sinal/ruído, as técnicas de PESS são facilmente realizadas, necessitando da promediação de poucas épocas para serem obtidos registros com boa fidedignidade. Além disso, como são realizadas continuamente, podem identificar situações desfavoráveis com possível repercussão em outros domínios, que não estão sendo monitorizados naquele momento. Um exemplo prático disso acontece quando se registra a queda da amplitude dos PESS nas cirurgias espinhais. Neste instante, independente do intervalo estabelecido para realização dos potenciais evocados motores, é imperativo solicitar ao cirurgião assistente pequena pausa para que também a integridade do trato corticospinal seja avaliada por respostas motoras evocadas.[3,4]

TÉCNICAS DE REGISTRO

De modo geral, podemos considerar que a maior parte dos potenciais evocados somatossensitivos são o registro eletrográfico dos potenciais de ação das fibras grossas aferentes em resposta a estímulos elétricos dos nervos dos membros superiores e inferiores em sua porção mais distal (mediano e ulnar no punho, e tibial posterior no tornozelo). A morfologia dos registros gráficos depende de onde ocorre a captação dos mesmos. Dessa forma, podemos dividir didaticamente os PESS de registro no escalpe (PESS) e registro epidural (PESSep). A estimulação pode ser realizada com eletrodos de agulha ou de superfície (Quadro 9-1).

Quando falamos sobre instrumentação, vimos a importância de conhecer as frequências que constituem o traçado eletrofisiológico, para que se possa utilizar os filtros adequados aos registros, evitando que haja distorção. De uma maneira abrangente as frequências dominantes nos registros dos PESS (corticais, subcorticais e periféricos) encontram-se na faixa de 20 a 2.000 Hz. Em razão do ambiente eletricamente hostil e da prioridade dada

Quadro 9-1. Comparação entre Eletrodos Estimuladores de Agulha e Superfície

	Superfície	Invasivos
Vantagens	• Pode ser colocado antes da cirurgia • Reutilizável	• Menor impedância • Maior agilidade para aplicação
Desvantagens	• Maior consumo de tempo para a aplicação • Menor fixação	• Devem ser colocados com paciente anestesiado • Maior $$$$ • Risco teórico de infecção

aos potenciais corticais e subcorticais, muitas vezes precisamos estreitar essa janela, o que recomendamos seja feito apenas com os filtros de *software* (nunca nos filtros do *hardware*). Na maioria dos equipamentos modernos, esse cuidado permite que o aparelho registre em sua memória os dados do traçado original, embora apresente no *display* ondas mais "limpas", possibilitando que o traçado original seja resgatado a qualquer momento. Em registros corticais e subcorticais, os filtros de *software* podem variar de 20 a 30 Hz (baixa ou passa-alta) a 250 a 1.000 Hz (alta ou passa-baixa). Os registros periféricos podem usar filtros de 20 a 30 Hz (baixa ou passa-alta) e 1.000 a 2.000 Hz (alta ou passa-baixa). Utilizamos a intensidade de estimulação dosada pelo limiar motor (intensidade necessária para ocasionar movimento de cerca de 1 cm de amplitude), duração de 0,2 ms para os MMSS e 0,5 ms para os MMII. O aumento da frequência de estimulação provoca a redução da amplitude do PESS, entretanto, sabemos que há necessidade da obtenção do registro o mais rápido possível. A melhor relação entre frequência e amplitude ocorre por volta de 5 Hz (4,7 a 5,1 Hz para evitar harmônicos de 60 Hz) (Fig. 9-1). É importante lembrar que a aplicação de estímulos de alta intensidade a altas frequências por longos períodos está associada ao risco teórico de queimaduras e de síndrome compartimental.[5,6] Também é importante lembrar que em cirurgias longas, dependendo do posicionamento, pode haver edema no pulso ou no tornozelo, o que certamente distancia o eletrodo de superfície do nervo estimulado, podendo ocasionar uma redução da intensidade efetiva do estímulo (a intensidade da corrente aplicada cai ao quadrado da distância).

O registro dos PESS é realizado por meio de eletrodos de agulha espiraladas do tipo saca-rolhas ou, do inglês, *corkscrew*, colocados no escalpe mediante a utilização do sistema internacional 10-20 de montagem do EEG, sobre a área correspondente ao córtex sensitivo primário (Figs. 9-2 e 9-3).[5,6] Realiza-se uma montagem bilateral convencional com eletrodos em C3' (1 cm posterior a C3), C4' (1 cm posterior a C4), Fz e Cz' (1 cm posterior a Cz). Tais posições devem ser respeitadas, pois se muito anteriores, podem gerar traçados com polaridades invertidas. Após a montagem, costuma-se trançar os fios com nós intercalados, a fim de reduzir artefatos externos. Recomendamos que sejam utilizados eletrodos para registro de potenciais espinhais e subcorticais, como C5s (ao nível do processo espinhoso da vértebra C5); e no ponto de Erb (MMSS) ou fossa poplítea (MMII), a fim de obter traçados periféricos, os quais podem ser úteis em situações de posicionamento ruim dos membros (ocasionando estiramento dos plexos ou compressões de nervos periféricos), assim como no uso inadvertido de agentes anestésicos inalatórios, que deprimem a atividade cortical, mas não alteram os potenciais periféricos e subcorticais.

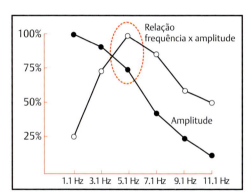

Fig. 9-1. Relação entre a frequência de estímulo e a amplitude do PESS. (Modificada de Nuwer and Dawson, 1984, com permissão.)

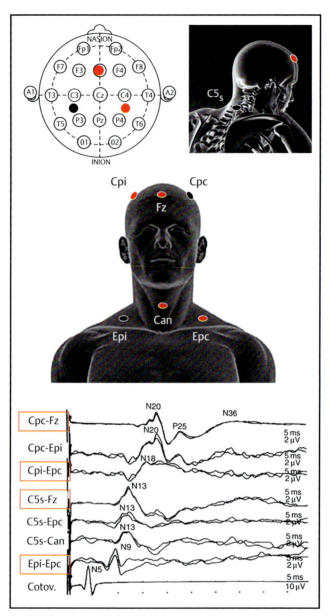

Fig. 9-2. Montagem PESS de MMSS e respectivos registros (montagens mais usadas na prática dos autores estão apresentadas nos quadrados em vermelho).

CAPÍTULO 9 • POTENCIAIS EVOCADOS SOMATOSSENSITIVOS

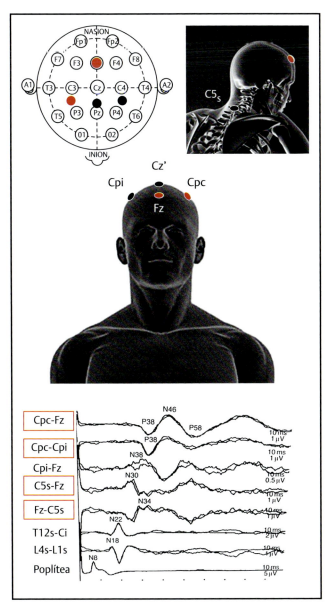

Fig. 9-3. Montagem PESS de MMII e respectivos registros (montagens mais usadas na prática dos autores estão apresentadas nos quadrados em vermelho).

Potenciais subcorticais P14 e N18 podem, ainda, ser registrados com montagens alternativas como córtex ipsolateral e Erb contralateral.

Os registros na fossa poplítea não são utilizados na rotina dos autores. Os registros lombares apresentam limitação importante nas cirurgias espinhais, pois demandariam a colocação dos eletrodos no campo operatório e não estão indicadas nas demais cirurgias. Os protocolos acima apresentados são utilizados pelos autores em cirurgias espinhais, periféricas e cranianas.[5,6]

Do ponto de vista prático e em decorrência da possível limitação quanto ao número de canais do equipamento em uso:

- *Prioridade ou restrição de canais:* cortical (N20 e P37): sinais de maior amplitude, menor tempo de promediação e, na maior parte das vezes, estáveis.
- *Desejável e possui canais disponíveis:* espinhais e subcorticais (N13, P14, N18, P31 e N34) – são resistentes aos efeitos dos anestésicos inalatórios. Permite maior correlação com lesões.
- *Opcional, possui canais disponíveis:* periférico (N9-Erb e N8-Poplíteo) verificação de estimulação adequada e posicionamento do membro.

Prováveis Geradores dos PESS nos MMSS

- *N9 (Epi-Epc):* resultado do registro da propagação do PANS pelo plexo braquial, é um potencial de campo próximo (*near field*).
- *N11 (C5s-Fz):* zona de entrada das raízes na coluna dorsal (*dorsal column volley* – DCV), nem sempre é possível obter seu registro, também é um potencial de campo próximo (*near field*).
- *N13 (C5s-Fz):* soma de um dipolo negativo na região posterior do pescoço e um segundo potencial do núcleo cuneiforme. Em parte, é um potencial de campo próximo (*near field*), mas parece haver também a participação dos potenciais de campo distante estacionários (*far field*) P13 e P14.
- *N18 (Cpi-Epi ou Cpc-Epc):* são potenciais de campo distante (*far field*) originados de potenciais excitatórios pós-sinápticos subcorticais (núcleo cuneiforme e/ou lemnisco medial e/ou núcleo inferior acessório).
- *N20-P25 (Cpc-Epc, Cpc-Fz ou Cpc-Cpi):* são NFP originados em potenciais pós-sinápticos da área da mão.

Prováveis Geradores dos PESS nos MMII

- *N8 (poplítea):* é o registro da propagação do PANS pela fossa poplítea, é um potencial de campo próximo (*near field*).
- *N21 (T12s-Cic):* tem sua origem nos potenciais pós-sinápticos da coluna dorsal em nível do cone medular, também é um potencial de campo próximo (*near field*).
- *N31 (C5s-Fz) ou P31 (Fz-C5s):* origina-se da propagação do potencial de ação da coluna dorsal em nível da região cervical. É um potencial de campo próximo (*near field*).
- *N34 (Fz-C5s):* análoga a N18, tem origem de potenciais de campo distante (*far field*) subcorticais observados em Fz-C5s.
- *P37-N45 (Cz'-Fz ou Cpi-Cpc):* tem origem de potenciais pós-sinápticos da área sensitiva primária do pé, sendo, portanto, um potencial de campo próximo (*near field*). É constituído de pelo menos 2 dipolos, e sua orientação, muitas vezes, determina um registro melhor no mesmo lado do estímulo, o que chamamos de resposta paradoxal (Fig. 9-4).

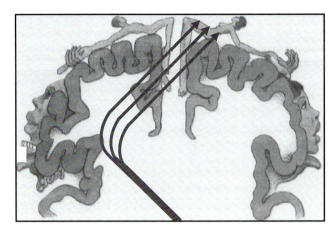

Fig. 9-4. Registro paradoxal dos potenciais de membro inferior. Note que o vetor é máximo ipsolateralmente ao sítio de estimulação.

INTERPRETAÇÃO DO PESS INTRAOPERATÓRIO

Os parâmetros de análise utilizados são a amplitude e a latência, sempre comparados com o traçado obtido antes do início da cirurgia. Esses registros podem ser analisados ainda entre os dimídios corporais (direito e esquerdo), entre os diversos membros (MMSS e MMII) e entre os picos dos potenciais de uma mesma via (N9-N13-P14-N18-N20, por exemplo). As alterações devem ser consistentes e confirmadas com promediações subsequentes, lembrando de analisar outros fatores causais como perda de eletrodos, interferência ou ruídos (fatores técnicos); anestésicos, hipotermia e choque hipovolêmico (fatores relacionados com anestesia e homeostase); antes de considerar o momento cirúrgico e a possível relação com dano neurológico. São critérios de alerta universalmente aceitos: o prolongamento de mais de 10% da latência e/ou queda maior ou igual a 50% da amplitude em relação aos traçados obtidos no início da cirurgia. É importante lembrar que esse critério só pode ser utilizado quando temos uma variabilidade entre um registro e o seguinte menor que 30% (no início da cirurgia). Registros com variabilidade maior que 30% não são confiáveis e podem ocasionar alarmes falsos, provocando interrupções contínuas no procedimento cirúrgico. Registros de boa qualidade (variabilidade menor que 30%) resultam em alta sensibilidade (falso-negativos de 0,063%) com alto valor preditivo negativo (99,93%). Apesar de todo cuidado com o registro adequado, em cirurgias longas, muitas vezes se observa um fenômeno de atenuação gradual das respostas (do inglês, *fading*), sem uma causa determinada. A alteração lenta e gradual da amplitude ou da latência pode ser decorrente deste fenômeno e, não apresentando nenhuma correlação com o momento cirúrgico ou com as demais técnicas utilizadas, pode não apresentar significado clínico. Já as alterações rápidas ou súbitas, de PESS facilmente registrados no início da cirurgia, significam risco de sequela de 50-75%.[6,7]

Do ponto de vista prático, **alterações isoladas**, assimétricas e súbitas devem, a princípio, suscitar causas técnicas como a perda de eletrodos (estimulação ou registro), alterações inadvertidas nas intensidades de estímulo, estiramento ou compressão do membro (causas periféricas), entre outras. Descartando os fatores técnicos, e estando em consonância com o tempo cirúrgico, essas alterações sugerem fortemente a possibilidade de lesões neuronais verdadeiras. Uma boa interação com a equipe cirúrgica é fundamental para o desfecho adequado. **Alterações generalizadas**, envolvendo os registros dos quatro membros devem sempre nos fazer pensar em situações mais abrangentes, como hipotermia, hipotensão, choque hipovolêmico, hipoxemia, hipertensão intracraniana e uso de anestésicos prejudiciais ao sinal, como os inalatórios. Diante disso, a comunicação adequada com o anestesista também é essencial.[8]

PESS EPIDURAL – CONSIDERAÇÕES

Além do registro no escalpe, podemos registrar os PESS por meio de eletrodos posicionados em contato com o saco dural em sua face dorsal (local mais próximo ao funículo posterior da medula), permitindo a monitorização segmentar das vias sensitivas espinhais. Os registros obtidos com o eletrodo epidural (PESSep) são mais estáveis que os obtidos com eletrodos subdérmicos sobre a coluna ou o escalpe (PESS), uma vez que não há atenuação pela barreira óssea, vertebral ou craniana. Sendo mais estáveis, e menos contaminados por artefatos como os musculares, os PESSep são obtidos com a promediação de um menor número de épocas, processo mais rápido que o convencional. O PESSep é útil quando os potenciais registrados no escalpe são muito ruins, tendo por objetivo primário a detecção de falência da condução na coluna dorsal da medula espinal e a identificação do nível desta lesão. Pode estar indicada nas cirurgias de estenose de canal e ressecção de tumores intravertebrais e intramedulares. O eletrodo de registro epidural se assemelha a um eletrodo de Courmand (eletrodo bipolar do marca-passo cardíaco temporário), consistindo de uma lâmina cilíndrica de material condutor quimicamente inerte (aço inoxidável ou platina), com diâmetro de 1 mm e comprimento de 3 a 5 mm, devendo ser preferencialmente registrado com montagem bipolar – entre os contatos do próprio eletrodo, embora o registro monopolar (referência externa) seja possível (Fig. 9-5). Podem ser posicionados pelo cirurgião no espaço epidural sob visão direta, na parte superior do campo cirúrgico (após laminectomia). Pode, ainda, ser introduzido pelo ligamento interespinal usando uma agulha guia específica acima do local da incisão, antes mesmo de iniciada a cirurgia. Os eletrodos de Courman até podem ser utilizados, mas seu posicionamento só é possível sob visão direta, nunca devendo ser introduzido pela agulha-guia. Isso porque o eletrodo é menos flexível, e pode ferir a medula durante sua introdução. Recomendamos que seja fixado com fio de sutura nas margens livres do

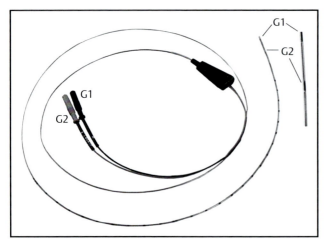

Fig. 9-5. Eletrodo epidural com dois contatos (G1 e G2).

campo operatório para não se mover durante a cirurgia. Deve-se atentar para o risco de desvios de posição durante o avanço do eletrodo em direção cefálica,[6,7] de maneira que seja posicionado corretamente na linha média.

- Parâmetros de registro e estímulo no PESSep:
  - Registro cervical – estímulo no nervo tibial no tornozelo.
  - Latência dependente da distância, idade e altura.
  - Duração de 5 a 8 ms (época de análise de 50 ms).
  - Filtro de alta frequência de 2 KHz e de baixa frequência de 100 a 200 Hz.
  - Número de respostas necessárias depende do ruído de fundo.

Os critérios de intervenção no PESSep seguem os parâmetros de alarme do PESS com registro no escalpe: redução de 50% ou mais da amplitude do potencial ou aumento de 10% ou mais da latência (Fig. 9-6). A grande vantagem dos potenciais epidurais é que são menos susceptíveis a alterações por hipotensão arterial e anestésicos, no entanto, apresentam maior tendência de declínio da amplitude com a evolução da cirurgia (bloqueio de condução pelo frio).

- Vantagens do registro epidural:
  - Função de mais de uma via pode ser avaliada.
  - Pode ser um indicador sensível de isquemia medular (intumescência lombar).
  - Praticamente não é suscetível a agentes anestésicos e a variações da PAM.
  - Rápida aquisição dos registros.
- Desvantagens do registro epidural:
  - É invasivo.
  - Não pode ser utilizado em todas as circunstâncias em que a monitorização da função da medula espinal estaria indicada.
  - Risco de ruptura da dura-máter e vazamento de LCR.
  - Registro pode ser dificultado se presença de sangue em volta do eletrodo, se o eletrodo é posicionado muito distante (pode haver desvio da ponta do eletrodo) – causas de necessidade de reposicionamento do eletrodo.[8]

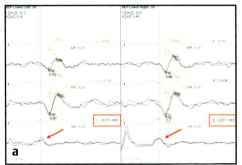 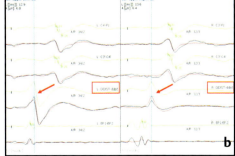

Fig. 9-6. Exemplo de registro simultâneo com eletrodos no escalpe e epidural em nível cervical com estímulo nos nervos tibiais posteriores (**a**) e medianos (**b**). Registros dos MMSS com 12-13 ms de latência e dos MMII com 31-32 ms de latência.

OUTROS USOS DO PESS
Identificação do Sulco Central
Em neurocirurgias envolvendo áreas corticais próximas ao giro pré-central (área motora primária), como na ressecção de tumores frontoparietais, onde a craniotomia é extensa suficiente para expor os giros pré e pós-central, podemos colocar eletrodos especiais para o registro do PESS em contato direto com a superfície do córtex cerebral. Esses eletrodos subdurais, chamados de eletrodos de fita *(strips)*, possuem várias superfícies de registro alinhadas e são posicionados em substituição aos eletrodos de escalpe Cpc (Centro-Parietal Contralateral), ou seja, sobre a área sensitiva primária. Estimulando o nervo periférico do membro superior contralateral, obtemos a onda N20 em cada um dos contatos que estão sobre a área sensitiva primária. Posicionando o eletrodo de fita perpendicularmente aos giros pré-central e pós-central como na Figura 8-4, e utilizando-se montagens unipolares de cada contato com Fz, ou montagens bipolares entre cada contato, pode-se observar uma reversão da fase da N20 que possibilita a identificação do sulco central. Essa técnica é conhecida como *reversão de fase* (a polaridade da N20 se apresenta positiva sobre a área motora). Isso pode ser muito útil em cirurgias oncológicas, em que a anatomia encontra-se distorcida por edema local e necrose tumoral, pois o sucesso na localização do sulco central é de 90% (Fig. 9-7).[7]

Identificação do Sulco Mediano Dorsal da Medula
Mapeamento das Colunas Dorsais
O PESSep pode ainda ser usado em cirurgias espinhais para mapear a correta posição das colunas dorsais. Os registros do PESSep, por meio de um microeletrodo com múltiplos pontos de captação em paralelo, colocado transversalmente ao eixo medular permite a localização do sulco mediano dorsal da medula. Estimulam-se os nervos tibiais posteriores de cada lado em separado. A linha média, mais precisamente o sulco mediano dorsal, localiza-se entre as duas respostas de maior amplitude para cada lado, apontando o local ideal para a realização da mielotomia (linha média). Pode ser útil em casos onde a distorção anatômica, como em tumores e cistos intramedulares, dificultam sua identificação visual.[7,8]

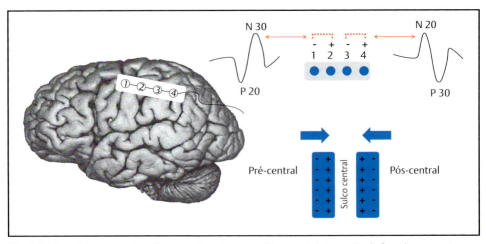

Fig. 9-7. Eletrodo *strip* posicionado cruzando sulco central (esquerda). Reversão de fase das respostas N20 observado entre 2 e 3 em decorrência da inversão da polaridade dos vetores no sulco central.

REFERÊNCIAS BIBLIOGRÁFICAS

1. Nuwer MR, Dawson EG, Carlson LG *et al.* Somatosensory evoked potential spinal cord monitoring reduces neurologic deficits after scoliosis surgery: results of a large multicenter survey. *Electroencephalogr Clin Neurophysiol* 1995;96:6-11.
2. Tamaki T, Yamashita H, Kobayashi. Spinal cord monitoring. *Jpn J Eletroencephalogr Eletromyograoh* 1992;1:196.
3. Ben-David B, Haller G, Taylor P. Anterior spinal fusion complicated by paraplegia. A case report of a false-negative somatosensory-evoked potential. *Spine* 1987;12:536-9.
4. Assessment: dermatomal somatosensory evoked potentials. Report of the American Academy of Neurology's Therapeutics and Technology Assessments Subcommittee. *Neurology* 1997;49:1127-30.
5. Homan RW, Herman J, Pardy P. Cerebral location of international 10-20 system electrode placement. *Elect Clin Neurophysiol* 1987;66:376-82.
6. Toleikis JR. Intraoperative monitoring using somatosensory evoked potential: a position statement by the American Society of Neurophysiological Monitoring. *J Clin Monit Comput* 2005;19(3):241-58.
7. Cedzich C, Taniguchi M, Schafer S, Schramm J. Somatosensory evoked potential phase reversal and direct motor cortex stimulation during surgery in and around the central region. *Neurosurgery* 1996;38(5):962-70.
8. May DM, Stephen JJ, Crockard A. Somatosensory evoked potential monitoring in cervical surgery: identification of pre and intraoperative risk factors associated with neurological deterioration. *J Neurosurg* 1996;85:566-73.

POTENCIAL EVOCADO MOTOR: REGISTRO EPIDURAL E MUSCULAR

CAPÍTULO 10

Carlos Roberto Martins Junior
Rodrigo Nogueira Cardoso
Paulo André Teixeira Kimaid

INTRODUÇÃO

Na prática clínica chamamos de potenciais evocados motores os registros musculares obtidos em resposta à estimulação do córtex motor.[1] Resposta motora evocada por estimulação direta do córtex cerebral humano foi descrita, originalmente, por Robert Bartholow em 1874, numa paciente cujo ferimento expunha o córtex motor.[2] O detalhado mapa cortical de Penfield & Boldrey ajudou a difundir esse conhecimento, embora a barreira da estimulação transcraniana só tenha sido obtida nos anos 80.[3] Morton e Merton com o estímulo elétrico e Anthony Barker com a estimulação magnética propiciaram a expansão do conhecimento que hoje possuímos acerca dos potenciais evocados motores.[4,5] Entre as diversas indicações que encontramos para os potenciais evocados, nos interessa no presente capítulo a monitorização intraoperatória das vias corticospinais. No primeiro capítulo deste livro, vimos que os potenciais evocados somatossensitivos foram introduzidos no centro cirúrgico na década de 70, após a melhora da técnica para sua obtenção em pacientes anestesiados. Em razão da proximidade entre as vias sensitivas e motoras, acreditava-se, na ocasião, que ele poderia ser utilizado com o objetivo de reduzir o risco de sequelas motoras. Decrementos nas respostas do PESS seriam suficientes para um alerta ainda em estágios reversíveis de uma agressão cirúrgica às fibras motoras.[6] No entanto, diversos casos de sequelas motoras pós-operatórias foram relatados sem a ocorrência de decremento do PESS no período intraoperatório.[7,8] Era necessário desenvolver testes neurofisiológicos capazes de avaliar a integridade do sistema motor de forma direta e em tempo real. Embora descrita no início dos anos 80, a estimulação elétrica transcraniana para obtenção do potencial evocado motor só foi introduzida de forma sistemática para monitorização espinal nos anos 90.[9]

Alguns conhecimentos prévios são fundamentais para a compreensão do Potencial Evocado Motor (PEM). Podemos dizer que sua fisiologia precisa ser compreendida em três diferentes níveis do sistema motor:

- *Cortical:* despolarização de interneurônios, neurônios e axônios corticais com formação de potenciais locais e de potenciais de ação direcionados ao trato corticospinal.
- *Medular:* conexões monossinápticas do trato corticospinal (TCE) com neurônios motores inferiores (motoneurônio alfa) no corno anterior da medula.

133

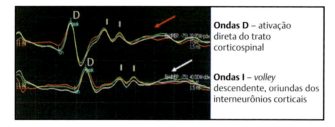

Fig. 10-2. Registro proximal e distal das ondas D e ondas I.

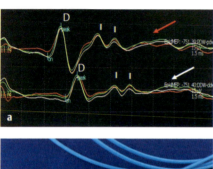

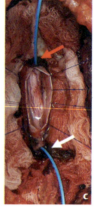

Fig. 10-3. (a-c) Registros epidurais do PEM (ondas D e I), eletrodo epidural para captação de onda D. Deve-se colocar um imediatamente acima e outro imediatamente abaixo da lesão medular. Solicita-se ao cirurgião que os prenda com ponto cirúrgico, a fim de garantir estabilidade no registro.

O registro ideal pressupõe o uso de dois eletrodos, um proximal e outro distal à lesão, com o objetivo de assegurar a técnica correta, pois a obtenção do registro proximal ratifica que o estímulo está sendo efetivo. A amplitude da resposta captada no eletrodo distal à lesão é menor que a registrada no eletrodo proximal. A presença de lesão pode ainda dessincronizar a onda D, impossibilitando muitas vezes a sua medida. Esse fenômeno está presente em até 20% dos casos na nossa prática. O PEMep reflete o pool de fibras ativadas, e sua amplitude varia cerca de 8% de um estímulo para outro, o que a torna o principal parâmetro para análise (estabilidade). A latência varia de acordo com a posição do eletrodo de captação e da intensidade do estímulo, não sendo utilizada.

A manutenção da amplitude acima de 50% é considerada ideal. Nos casos de lesões torácicas, a manutenção da onda D acima de 50% de sua amplitude inicial relaciona-se com a preservação da função motora, mesmo com PEMm ausentes. Obtida com pulso único, não costuma causar movimento do paciente, possibilitando a monitorização contínua, evitando-se pausas na cirurgia e, consequente, incremento no tempo cirúrgico. A estimulação anódica deve utilizar a mesma intensidade utilizada para o registro do PEMm. A técnica é excelente preditor de déficits neurológicos definitivos. É padrão ouro nas abordagens neurocirúrgicas da medula espinal no nível cervical e torácico.[11-13]

- Desvantagens do PEMep para monitorização da onda D:
  - Pode estar ausente em 20% dos pacientes com tumores intramedulares ou mielopatia pós-radiação.
  - Falso-positivos – variações da amplitude podem acontecer em decorrência da mudança na posição do eletrodo de registro em relação à medula espinal.

CAPÍTULO 10 • POTENCIAL EVOCADO MOTOR: REGISTRO EPIDURAL E MUSCULAR

- Falso-positivos – edema de escalpo e consequente redução da intensidade do estímulo.
- Não pode ser registrada abaixo de T10-T11.
- Não monitoram a isquemia da substância cinzenta ventral.
- Posicionamento limitado do eletrodo em casos de reoperação ou irradiação.

O PEMm revela a atividade da via motora de modo mais completo, enquanto o PEMep (onda D) expressa apenas a do TCE, não refletindo a atividade da substância cinzenta medular. Não podemos esquecer isso, pois a substância cinzenta medular (corno anterior) é mais sensível à isquemia que a substância branca. Entretanto, o PEMep pode ser realizado continuamente durante a abordagem medular, enquanto o PEMm é obtido de modo intermitente, pois com frequência provoca movimentação do paciente, interferindo no ato cirúrgico.[9-11] O PEMm é um excelente preditor de déficit motor transitório, refletindo elevada sensibilidade e especificidade. Entretanto, não é um bom preditor de déficits definitivos, o que se reflete pelos falso-positivos observados imediatamente após a cirurgia, além da melhora clínica no acompanhamento mais prolongado.

- Desvantagens do PEMm:
  - Morfologia e amplitude variáveis, mesmo com estímulos elétricos transcranianos idênticos (ativação de feixes diferentes variações de até 90% da amplitude entre um estímulo e outro).
  - São mais susceptíveis a halogenados que as ondas D.
  - São incompatíveis com bloqueio neuromuscular completo.
  - Movimento do paciente – necessita de interação com o cirurgião assistente.
  - Não é um bom preditor de déficit motor permanente.

A estimulação direta da medula espinal ativa tratos de forma não seletiva, gerando potenciais originados tanto da coluna anterior como da lateral e da posterior. A ativação de tratos sensitivos desencadeia respostas antidrômicas capazes de ativar neurônios motores inferiores e concorrer na formação do PEM. Isso foi verificado no início dos anos 70 com a ocorrência de falso-negativos (MNIO normal em paciente com desfecho desfavorável). Com isso, a estimulação medular direta foi abandonada como método para avaliação intraoperatória do sistema motor.[11,12] Atualmente, em alguns casos, a estimulação medular voltou a ser utilizada, como na técnica para estimulação de parafusos pediculares torácicos com trens de pulsos elétricos (do inglês, *pulse train stimulation*). No que concerne às formas de estímulo, a estimulação elétrica transcraniana é realizada com eletrodos de agulha espiralada (*corckscrew*). A estimulação cortical direta pode ser feita com eletrodos de fita (*strip*) colocados em contato direto com o córtex ou por meio de sondas estimuladoras com ponta romba (estímulo também anódico). Já a estimulação subcortical direta é realizada com *probe* ponta romba com estímulo catódico.

TÉCNICA

O potencial evocado motor intraoperatório é realizado pela estimulação elétrica transcraniana anódica (EET) com eletrodos de agulhas espiraladas (*corckscrew*), posicionados em C1, C2, C3, C4, Cz e Fz (sistema 10-20). Embora frequentemente a estimulação seja feita entre C3 e C4, outras montagens podem ser utilizadas, como C3-Cz ou C4-Cz, especialmente para obtenção do PEM de nervos cranianos, C1-C2 que ativa área menor, especialmente nos MMII, o que ocasiona menos movimento do paciente e Cz-Fz, uma boa alternativa em crianças muito pequenas. A estimulação pode ainda demandar a utilização de técnicas de facilitação com uso de múltiplos trens de estímulo (Fig. 10-4).[11]

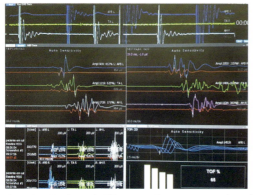
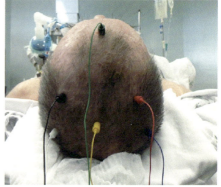

Fig. 10-4. Registro do PEM muscular com protocolo reduzido para cirurgia espinal em nível torácico. Estímulos C3-4 e C4-3; registros nos músculos *abductor pollicis brevis*, *tibialis* anterior e *abductor halux* bilateral.

Vimos no capítulo de instrumentação que a impedância dos eletrodos de estimulação e de registro são determinantes para os estudos eletrofisiológicos. A corrente aplicada será menor quanto maior a impedância do eletrodo, interferindo no limiar da EET. Sugere-se manter a impedância abaixo de 5 kΩ. Em geral, os eletrodos tipo *corckscrew* propiciam impedâncias adequadas, diferente dos eletrodos de cúpula, que demandam uma preparação da pele e da interface pele-eletrodo. Fatores como edema ou hematomas no escalpo, podem elevar a impedância, proporcionando limiares de estimulação maiores no decorrer da cirurgia, o que demandaria ajustes progressivos na tensão aplicada ao escalpo para se preservar as respostas. A não observação desse detalhe ocasiona a queda das amplitudes das respostas e até mesmo sua perda, o que conduziria a um falso-positivo. A tensão aplicada para estimulação elétrica deve ser suficiente para vencer a impedância local e atingir a via motora. No caso da EET, o estímulo deve vencer o escalpo, crânio, liquor e meninges até chegar ao córtex (Fig. 10-1).[12] Usando estimuladores de **corrente constante**, a tensão aplicada varia automaticamente para se manter a intensidade de corrente desejada. Utilizando estimuladores de **voltagem constante**, a corrente cai à medida que a impedância aumenta.

Vimos que a estimulação com um único pulso não é suficiente para atingir o limiar de excitabilidade do neurônio motor inferior no paciente anestesiado. É necessário um trem de 4 a 9 pulsos capaz de gerar várias ondas D que irão se somar temporal e espacialmente (PEPS) no motoneurônio alfa, resultando então na sua despolarização.[11,12]

Parâmetros como número de pulsos por trem, duração dos pulsos, intervalos entre pulsos, frequência de estimulação, idade do paciente, bem como nível e tipo de anestésico, determinarão a intensidade de corrente elétrica a ser usada. Quando se avalia o número de pulsos, observamos respostas mais consistentes com trens de 5 pulsos ou mais. A duração dos pulsos pode variar de 50 a 75 μs quando utilizada voltagem constante, e 200 a 500 μs quando utilizados estimuladores de corrente constante. O intervalo entre pulsos ideal mostra uma curva bimodal, com melhores respostas em 2 e 4 ms, o que corresponde a uma frequência de estimulação de 500 e 250 Hz, respectivamente. Pacientes situados nos extremos de idade, muito jovens ou muito idosos, apresentam limiares de estimulação mais elevados. Anestésicos voláteis acima de 0,5 CAM devem ser evitados, preferindo-se a utilização de anestésicos intravenosos de baixa solubilidade. Em doses elevadas, mesmo utilizando-se anestesia intravenosa total, muitas vezes nos deparamos com a supressão de

CAPÍTULO 10 ▪ POTENCIAL EVOCADO MOTOR: REGISTRO EPIDURAL E MUSCULAR

respostas motoras. Bloqueadores anestésicos são incompatíveis com a obtenção de PEMm, entretanto, a presença de pelo menos 3 respostas no teste da JNM (trem de 4 estímulos) garante a presença de respostas motoras em pacientes sem déficits prévios. A latência entre as repostas obtidas após subsequentes trens de estímulos é o parâmetro que menos varia.[10-12] Se, apesar de todos os cuidados, o PEMm obtido ainda estiver muito reduzido, podemos lançar mão de estímulo pré-condicionante ou que chamamos de duplo trem (trem de 2 a 4 pulsos, 2 ms de intervalo, 75 µs de duração, 10 a 35 ms antes do segundo trem com 5 a 7 pulsos), determinando facilitação da resposta. O estímulo para obtenção do PEMep pode ser feito com aplicação de estímulo único com intensidade suficiente para estabilizar a amplitude da resposta (Quadro 10-1).

O registro do PEMm é feito por pares de eletrodos de agulhas inseridos nos músculos, observando que suas agulhas estejam separadas entre 1 a 2 cm preferencialmente em músculos com maior representação cortical (distais), como abdutor curto do polegar, tibial anterior e abdutor do hálux. Entretanto, o registro pode ser obtido em qualquer músculo, até mesmo em músculos cranianos. Agulhas muito próximas podem favorecer o *shunt* entre elas e dificultar o registro, enquanto agulhas muito separadas estão sujeitas a mais ruído.[10-13] Nervos cranianos motores podem ser monitorizados com a inserção de agulhas nos músculos correspondentes, sendo muito útil em tumores de base de crânio e do ângulo pontocerebelar. Tabelas com os músculos que podem ser utilizados para o registro, você encontrará no capítulo de eletromiografia.

INTERPRETAÇÃO DO PEMm

Vimos acima que o registro da onda D é muito estável, com variabilidade de 8%, enquanto o registro muscular possui variabilidade de até 90% de sua amplitude além da grande variabilidade de sua morfologia. O registro do PEMm pode sofrer grandes variações com pequenas alterações no drive do trato corticospinal e/ou do limiar de excitabilidade do neurônio motor inferior. O PEMm possui uma alta sensibilidade quanto à detecção de lesões de estruturas motoras, mas uma baixa especificidade em predizer a gravidade ou duração de uma sequela motora, em casos de decrementos das respostas durante as cirurgias.

Portanto, casos de falso-negativo são improváveis, onde pacientes evoluam com déficit motor sem ocorrência de decremento do PEMm no intraoperatório, quase sempre

Quadro 10-1. Parâmetros de Estímulo e Registro Utilizados no PEM Muscular

Estímulo	Anódico
Pulsos	4 a 9 pulsos
Duração	50 a 75 µs (VC); 200 a 1.000 µs (CC)
Intensidade	100 a 1.000 V (VC); 50 a 250 mA (CC)
Intervalo entre pulsos	1 a 4 ms
Amplitude	50 a 2.000 µV
Latência	15 a 60 ms
Varredura	100 ms (150 a 200 ms, se necessário)
Filtro	10-40 a 2.000-5.000Hz

VC: Voltagem constante; CC: corrente constante; ms: milissegundos; µs: microssegundos; µV: microvolts; Hz: Hertz.

PARTE II ▪ TÉCNICAS DE NEUROFISIOLOGIA CLÍNICA PARA MNIO

por erro da equipe de MNIO. No entanto, casos de falso-positivos, com ocorrência de decremento do PEMm sem estar associado a déficit motor no pós-operatório, não são raros. Os PEMm podem ainda sofrer mudanças súbitas em pacientes com o grau funcional motor prévio já comprometido, além de dependerem de vários outros fatores dinâmicos já mencionados, como regime anestésico, pressão arterial, temperatura, PCO_2 e uso de bloqueadores neuromusculares. Não há relação comprovada entre amplitude e latência dos PEMm e o grau de funcionalidade do sistema motor. Em cirurgias espinhas, o critério de alarme sugerido (tudo ou nada) vem sofrendo uma mudança nos últimos anos, sendo considerado mais sensível e pouco menos específico o critério de redução da amplitude em 80%. Outro critério sugerido, embora menos aceito considera o aumento do limiar de estímulo em 20% acima do inicial. Novos estudos estão em andamento com o objetivo de propor novos critérios de alarme.[14]

Antes de concluir que houve de fato uma alteração do PEMm, deve-se analisar:

- A diminuição progressiva das amplitudes e o aumento dos limiares de ativação do PEM são comuns em cirurgias mais longas, mesmo sem vigência de insulto neurológico ou complicações sistêmicas, e em condições adequadas de anestesia. Esse esvaecimento pode estar relacionado com a diminuição da excitabilidade do neurônio motor inferior. Deve-se ter cautela em assumir como parâmetro de alarme a perda parcial de amplitude do PEMm nestes casos.
- Uso de agentes inalatórios ou bloqueadores neuromusculares, hipotensão, edema no escalpo e perda de contato dos estimuladores podem causar perda abrupta do PEMm. A realização de TOF (trem de quatro estímulos) para afastar uso de BNM e a checagem da impedância dos estimuladores podem auxiliar na interpretação e evitar falsos alarmes. Checar também o EEG ajuda na aferição do plano anestésico e possíveis efeitos sobre as respostas.
- O posicionamento do paciente também pode produzir decremento do PEM muscular por compressão direta ou estiramento do plexo braquial ou de nervos periféricos, até mesmo por isquemia de membros.[13,15]

Padrões de Interpretação (Quadro 10-2)
- PEMm preservado durante a MNIO: a chance de haver déficit neurológico no pós-operatório é improvável. No entanto, pode-se citar certas exceções:
  - Lesões radiculares: PEMm não é um bom marcador de lesões radiculares, pois os músculos são inervados por mais de uma raiz.
  - Lesões do córtex motor sem deterioração do PEMm podem ocorrer quando a estimulação transpassa o córtex lesionado ativando a substância branca distal à lesão (Fig. 10-5).

Quadro 10-2. Interpretação PEMm e PEMep

Onda D	PEM muscular	Estado motor
Estável ou redução 30-50%	Preservado	Estável
Estável ou redução 30-50%	Perda uni ou bilateral	Déficit motor transitório
Redução > 50%	Perda bilateral	Déficit prolongado

Deletis, 1999.[16]

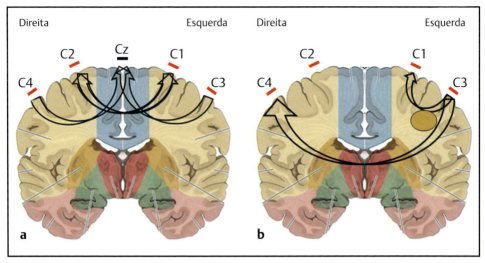

Fig. 10-5. (**a**) EET realizada com montagem hemisférica (C4-Cz e C3-Cz); (**b**) EET com montagem convencional (C4-C3 e C3-C4) e com *strip* ou montagem hemisférica reduzida (C1-C3 ou C3-C1). O objetivo é estimular mais próximo ao córtex, evitando estimulação do trato corticospinal distal à lesão (falso-negativo).

- PEMm do nervo facial, em casos leves pode não haver decremento.
- Segmentos/nervos não monitorizados.[13-16]
- Perda total do PEMm durante a MNIO: constitui o principal critério de alarme, constituindo um forte preditor de novo déficit motor, não necessariamente permanente ou acentuado.
  - A perda total do PEMm tem maior valor em cirurgias espinais para monitorização do trato corticospinal ao nível medular.[13-16]
- Redução da Amplitude do PEMm: dependendo do valor de corte e do tipo de cirurgia este critério é fortemente passível de falso-positivos, em decorrência da grande variabilidade no registro das amplitudes do PEMm. Alguns estudos atuais defendem seu uso com valor de corte de 80% nas cirurgias espinais e 50% nos PEMm do nervo facial como critérios de alarme, o que aumenta a sensibilidade sem elevar muito o número de falso-positivos.
- Interpretação tudo ou nada: ausência de resposta = comprometimento motor pós-operatório em 91% dos casos.[17]
- Aumento dos limiares de estimulação do PEMm: supõe-se que fibras mais grossas do trato corticospinal tenham limiares de estimulação mais baixos e que sejam menos resistentes à manipulação cirúrgica. Incrementos acima de 100 V na EET constituiria um sinal de alarme. Há controvérsia sobre este critério em decorrência do elevado índice de falso-positivos.[13-16]

RECOMENDAÇÕES NA ANÁLISE DO PEMm
- Sempre checar causas sistêmicas, anestésicas e fatores técnicos diante da deterioração do PEMm.
- A perda total do PEMm constitui o principal critério de alarme e é um forte preditor de novo déficit motor no pós-operatório imediato, sem poder definir gravidade e duração.

- A perda parcial de amplitude do PEMm (80% nas cirurgias espinais e 50% nas cirurgias do nervo facial) e o aumento dos limiares de estimulação (necessidade de maior voltagem) podem ser úteis como indicadores adicionais, mas são mais susceptíveis a falso-positivos.
- O regime anestésico ideal para o registro dos PEMm é a combinação entre propofol e remifentanil, evitando-se o uso de bloqueadores neuromusculares e agentes inalatórios, os quais podem suprimir as respostas. É importante ressaltar que o PEMep **não se altera** com o uso de bloqueadores neuromusculares.[14-16]

COMPLICAÇÕES

A monitorização do PEM é considerada uma técnica segura, desde que cuidados adequados sejam tomados e seja realizada por profissionais capacitados (neurofisiologistas com título de especialista). Entre as complicações, relatam-se:

- *Lesões por mordedura (< 1%):* lesões de língua são as principais complicações da EET, produzidas pela contração dos músculos mastigatórios. A proteção da língua por gaze ou bloqueadores maleáveis minimizam o risco desta intercorrência. Fraturas de mandíbula, lesão em dentes e ruptura de tubo orotraqueal também foram relatadas, mas de forma infrequente. Em nossa experiência, utilizamos rolos semirrígidos de gazes estéreis entre os molares e incisivos.
- *Lesões térmicas em couro cabeludo (queimadura máxima de 2 mm^2):* queimaduras podem ocorrer, principalmente, na EET com pulsos curtos e próximos da capacidade máxima dos equipamentos. Evento raro, com incidência abaixo de 0,01%.
- *Lesões induzidas por movimento:* a EET geralmente provoca abalos no campo cirúrgico, devendo-se sempre avisar ao cirurgião antes da realização do estímulo, especialmente em dissecções microcirúrgicas.
- *Arritmias:* evento raro, geralmente associado a escapes de corrente ("correntes parasitas") quando se utiliza a caixa de estimulação simultânea com outras técnicas (saída da mesma caixa para o PEM e para o somatossensitivo).[15]
- *Crise epiléptica após estimulação:* séries mostram baixa incidência de manifestação epiléptica, mesmo em paciente com epilepsia prévia (< 1%). O controle de crises deve ser feito com uso de anticonvulsivantes venosos. No caso do córtex exposto, instilar soro frio pode resolver as crises sem a necessidade de medicação. A ocorrência de convulsão durante a cirurgia não é contraindicação absoluta para o uso da estimulação elétrica para obtenção de PEM.[17]

CONTRAINDICAÇÕES

As contraindicações para EET são relativas e incluem: epilepsia, lesões corticais, falhas ósseas cranianas, clipes vasculares intracranianos, válvulas de hidrocefalia, eletrodos cerebrais profundos, marca-passo cardíaco e outros eletrodos bioelétricos. Não existe evidência de que essas situações aumentem o risco de complicações e a realização do PEM, quando justificável, pode ser realizada com consentimento do paciente abordando esse risco teórico.[15] Entretanto, em nossa prática, optamos por não utilizar EET em pacientes com marca-passos ou geradores implantados na cabeça ou no tórax, pela carência de estudos que apontem a segurança de seu uso nessas condições.

REFERÊNCIAS BIBLIOGRÁFICAS

1. Kneiser MK, Boon AJ, Brown AD *et al.* AANEM Glossary of Terms in Neuromuscular and Electrodiagnostic Medicine. *Muscle Nerve Supplement* 2015;S1.

CAPÍTULO 10 ▪ POTENCIAL EVOCADO MOTOR: REGISTRO EPIDURAL E MUSCULAR

2. Bartholow R. Experimental investigations into the functions of the human brain. *Amer J Med Sci* 1874;66:305-13.
3. Penfield W, Boldrey E. Somatic motor and sensory representation in the cerebral cortex of man as studied by electrical stimulation. *Brain* 1937,37:389-443.
4. Merton PA, Hill DK, Marsden CD, Morton HB. Scope of a technique for electrical stimulation of human brain, spinal cord and muscle. *Lancet* 1982;ii:597-8.
5. Barker AT, Freeston IL, Jalinous R, Jarratt JA. Magnetic stimulation of the human brain and peripheral nervous system: An introduction and the results of an initial clinical evaluation. *Neurosurgery* 1987;20:100-9.
6. Nuwer MR, Dawson EG, Carlson LG *et al.* Somatosensory evoked potential spinal cord monitoring reduces neurologic deficits after scoliosis surgery: results of a large multicenter survey. *Electroencephalogr Clin Neurophysiol* 1995;96:6-11.
7. Lesser RP, Raudzens P, Luders H *et al.* Postoperative neurological deficits may occur despite unchanged intraoperative somatosensory evoked potentials. *Ann Neurol* 1986;19:22-5.
8. Ben-David B, Haller G, Taylor P. Anterior spinal fusion complicated by paraplegia. A case report of a false-negative somatosensory-evoked potential. *Spine* 1987;12:536-9.
9. Hicks R, Burke D, Stephen J *et al.* Corticospinal volleys evoked by electrical stimulation of the human motor cortex after withdrawal of volatile anesthetics. *J Physiol* (Lond) 1992;456:393-404.
10. Deletis V, Bueno de Camargo A. Transcranial electrical motor evoked potencial monitoring for brain tumor resection. *Neurosurgery* 2001;49(6):8-9.
11. Amassian VE. Animal and human motor system neurophysiology related to intraoperative monitoring. In: Deletis V, Shils JL (Eds.). *Neurophysiology in neurosurgery*. San Diego: Academic Press; 2002. p. 3-23.
12. MacDonald DB, Al Zayed Z, Al Saddigi A. Four-limb muscle motor evoked potential and optimized somatosensory evoked potential monitoring with decussation assessment: results in 206 thoracolumbar spine surgeries. *Eur Spine J* 2007;16:S171-87.
13. MacDonald DB. Intraoperative motor evoked potential monitoring: overview and update. *J Clin Monit Comput* 2006;20:347-77.
14. Macdonald DB, Skinner S, Shils J, Yingling C. Intraoperative motor evoked potential monitoring - a position statement by the American Society of Neurophysiological Monitoring. *Clin Neurophysiol* 2013;124(12):2291-316.
15. Lyon R, Feiner J, Lieberman JA. Progressive suppression of motor evoked potentials during general anesthesia: the phenomenon of "anesthetic fade". *J Neurosurg Anesthesiol* 2005;17:13-9.
16. Deletis V. Intraoperative neurophysiology and methodologies used to monitor the functional integrity of the motor system. In: Deletis V, Shils JL (Eds.). *Neurophysiology in neurosurgery*. San Diego, Academic Press; 2002. p. 25–51.
17. Kothbauer K, Vedran D, Epstein F. Motor evoked potential monitoring for intramedullary spinal cord surgery: correlation of clinical and neurophysiological data in series of 100 consecutive procedures. *Neurosurg Focus* 1998;4(5):1-9.

ELETROMIOGRAFIA

CAPÍTULO 11

Patricia Santos
Charles Michel Augusto Nascimento
Paulo André Teixeira Kimaid

Eletroneuromiografia (ENMG) é a técnica de Neurofisiologia Clínica que estuda os potenciais elétricos originados nos nervos e músculos. Na prática clínica ambulatorial dividimos a ENMG em duas partes principais: a eletromiografia propriamente dita e a eletroneurografia ou testes de condução nervosa.[1] Em Monitorização Neurofisiológica Intraoperatória (MNIO), utilizamos os termos eletromiografia livre (EMG livre) ou de varredura para o registro da atividade muscular espontânea ou secundária à agressão dos nervos, e eletromiografia estimulada (EMG estimulada) para o registro da atividade muscular decorrente da estimulação de um nervo ou estrutura nervosa. Tanto a EMG livre quanto a EMG estimulada podem ser registradas em qualquer músculo acessível a um eletrodo de agulha, de fio ou de superfície. Indivíduos normais apresentam silêncio elétrico muscular (SEM) à EMG livre no repouso ou quando anestesiado. Uma agressão de natureza irritativa (p. ex., estiramento) dos nervos ou raízes nervosas resulta em atividade involuntária na musculatura correspondente (descarga neurotônica). Como o registro da EMG livre acontece de forma contínua durante a cirurgia, a técnica oferece informação imediata ao cirurgião sobre uma possível lesão decorrente do ato cirúrgico.[2] O registro das respostas musculares decorrentes da estimulação de estruturas neurais também pode fornecer informações úteis durante a cirurgia, mas para isso o cirurgião precisa parar temporariamente o procedimento para, então, realizar os estímulos.[2] Em algumas poucas situações podemos realizar essa estimulação de forma contínua por meio de eletrodos estimuladores colocados em contato com o nervo em sua porção mais proximal, como na estimulação contínua do vago.[3]

A EMG foi utilizada pela primeira vez em cirurgias de ressecção de tumores do ângulo pontocerebelar com objetivo de preservar o nervo facial.[4] A atividade foi registrada sob a forma de potenciais de ação musculares usando EMG livre e estimulada. Naquela ocasião, os pesquisadores começaram a classificar a amplitude e frequência dessa atividade registrada, na tentativa de correlacioná-la com os desfechos cirúrgicos.[4] Termos como descargas assíncronas, descargas decrescentes, surtos e descargas neurotônicas, atribuídos às diferentes atividades espontâneas na EMG, tornaram-se rotina na sala de cirurgia.[4] Concomitantemente, sondas manuais foram desenvolvidas para estimulação e identificação dos nervos, bem como testar a continuidade e limiar de disparo do mesmo, associando as respostas encontradas com o desfecho neurológico.[5] Em meados dos anos 90, a EMG livre e a EMG estimulada ganharam novas utilizações: na detecção do posicionamento inadequado de parafusos pediculares durante a instrumentação da coluna,[6,7] bem como de lesões individuais das raízes espinais nos mais diversos procedimentos.[8]

145

3. Lesão grave, quando há impedimento da condução nervosa por lesão axonal e consequente **degeneração axonal distal (Degeneração Walleriana – DW).** Embora possa haver recuperação caso a estrutura do tecido conjuntivo do nervo periférico esteja íntegro (axonotmese), permitindo a regeneração axonal, muitas vezes ela é parcial ou aberrante. Nos casos em que há descontinuação do nervo (secção do nervo) a regeneração axonal não alcança o músculo, determinando déficit motor.

Na descrição acima, podemos ver alguns conceitos que precisam de melhor definição para compreendermos a fisiologia da EMG livre e da EMG estimulada usada na MNIO.

Bloqueio de condução, como o nome diz, é o impedimento da passagem do potencial de ação por meio de um determinado trecho do axônio. Esse bloqueio pode acontecer em decorrência de agentes físicos e químicos: bloqueio anestésico, isquemia, compressão, estiramento, frio etc. Independentemente da etiologia, o mecanismo geralmente está associado à falência energética no local (descrita no capítulo de fisiologia deste livro), levando à despolarização do nervo, que na fase inicial pode ser reversível. A persistência do mecanismo da lesão leva a uma despolarização irreversível do nervo e então à desmielinização focal. A consequência de lesão mais intensa e duradoura pode ser ainda a degeneração axonal distal ao local da lesão (DW).[9,10] Nos casos de lesão leve, o restabelecimento da energia permite a repolarização do nervo e a recuperação de sua capacidade de despolarizar permitindo, novamente, a passagem do potencial de ação. Isso pode durar segundos, minutos ou horas. Já nos casos em que há desmielinização, o processo pode demorar dias ou semanas. E nas lesões graves, observamos o fenômeno de DW, que decorre do bloqueio do fluxo axoplasmático, ocasionando a falência energética na porção axonal distal à lesão (que é dependente do corpo celular). O bloqueio da JNM decorrente da falha energética se dá em 4-5 dias da interrupção do transporte axoplasmático.[9,10] Simultaneamente, degeneram axônio e bainha de mielina. O músculo, desnervado, produz receptores extra juncionais, tornando-se hiperexcitável, fenômeno que irá se completar ao redor da 3ª a 4ª semanas, originando as ondas positivas e fibrilações na eletromiografia de varredura.[9,11] Segue-se o processo de regeneração, que se inicia logo após a lesão, mas pode levar meses para se resolver e até mesmo não resolver.[9,11]

Exposto todo o processo, é fácil compreender que as alterações eletrofisiológicas observadas durante as cirurgias muitas vezes não permitem fornecer ao cirurgião as informações que eles demandam acerca do prognóstico (levaria horas, dias ou semanas).

Por outro lado, sabe-se que irritação mecânica, térmica ou metabólica do axônio pode desencadear descargas registradas nos músculos inervados por este axônio em tempo real. Embora as causas não mecânicas possam causar descargas, a correlação com desfechos clínicos é mais fiel quando as causas são mecânicas. O reconhecimento de causas não mecânicas, portanto, é muito importante no momento da interpretação e do alerta ao cirurgião. A irritação mecânica está associada a um risco de lesão do nervo equivalente a um trauma contínuo e repetido. Essas descargas são chamadas de neurotônicas e se devem à despolarização dos axônios decorrente da lesão, podendo persistir por segundos, minutos e até mesmo horas dependendo da intensidade da agressão.

ELETROMIOGRAFIA LIVRE

O principal objetivo da EMG livre no contexto intraoperatório é identificar, em tempo real, o momento em que a presença de descargas neurotônicas sugere uma lesão neurológica em curso, como em cirurgias de tumores de fossa posterior e ângulo ponto cerebelar, que envolvam nervos cranianos (Fig. 11-1). Outros procedimentos em que frequentemente se

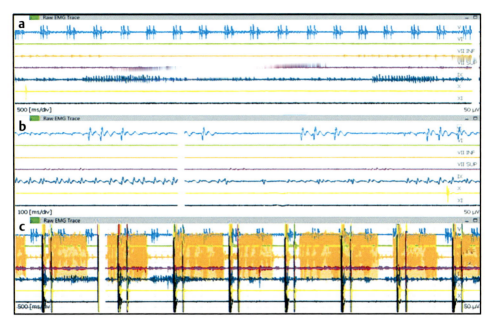

Fig. 11-1. Ressecção de tumor de ângulo pontocerebelar, observam-se descargas neurotônicas em dois momentos diferentes: no território do trigêmeo e do glossofaríngeo com base de 50 ms/cm (**a**) e 10 ms/cm (**b**); e predominando no território inferior do nervo facial (**c**).

usa a EMG livre visa a poupar raízes e nervos periféricos em momentos onde há potencial trauma axonal, como nas cirurgias de coluna ou quadril. Portanto, qualquer procedimento que demande a manipulação ou dissecção de nervos pode ser realizado de forma mais segura e eficaz com o auxílio da EMG livre e estimulada intraoperatória.[2,8] A EMG livre pode adicionar segurança às outras técnicas neurofisiológicas (como os PESS e PEM), resultando numa abordagem mais eficaz ao reduzir a morbidade decorrente da lesão de raízes nervosas durante procedimentos na coluna vertebral (Fig. 11-2). A irritação mecânica produz vários padrões na EMG livre.[2,8] Em geral, a intensidade da irritação se correlaciona com a intensidade da atividade na EMG livre. Também a persistência dessa atividade após a cessação da manobra irritativa sugere maior probabilidade de lesão. Muitas vezes a descarga na EMG pode aparecer em decorrência de um fator não identificado como um fragmento ósseo que está em contato com um nervo, ou uma raiz comprimida durante instrumentação.[7] Quando a causa não é ou não pode ser identificada imediatamente, a atividade pode permanecer até que a fonte de irritação seja removida.[2,8]

As descargas neurotônicas aparecem rápidas e irregulares, com duração de alguns milissegundos até trens prolongados de mais de 1 minuto, sendo descargas distintas dos potenciais de unidade motora (Figs. 11-1 e 11-2). Cada descarga pode conter 1-10 potenciais distintos que disparam em frequências de 30-200 Hz.[5,8]

Distinguem-se dos PUM por seu padrão de surto, assim como pela relação com a irritação térmica, mecânica ou metabólica da membrana do nervo no momento exato da descarga. Potenciais da unidade motora podem aparecer na EMG livre com um padrão de recrutamento semirrítmico, simulando uma irritação do axônio motor, quando na verdade

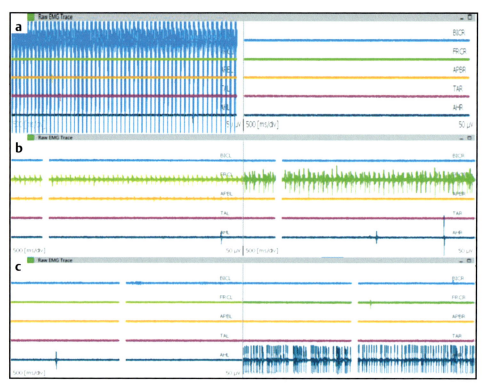

Fig. 11-2. Descompressão cervical em dois níveis C4-5 e C5-6, observam-se descargas neurotônicas em três momentos diferentes: na descompressão C4-5, no *bíceps brachii* esquerdo (**a**); na descompressão C5-6, no *flexor carpi radialis* direito e menos intensas no lado direito (**b**) e descargas descendentes no *abductor hallucis* direito (**c**).

são o resultado da atividade voluntária decorrente da contração muscular, uma vez que não se deve usar relaxantes musculares nessas cirurgias (bloqueadores neuromusculares) e o padrão anestésico das MNIO multimodais demandam uma anestesia mais superficial.[2,8] Existem descargas neurotônicas de vários tipos, desde muito simples com um único componente até descargas complexas, com vários componentes que se sobrepõem, lembrando um recrutamento interferencial, especialmente quando a velocidade da varredura é lenta (200 ms/cm).[2,8] Aumentar a velocidade da varredura para facilitar a individualização dos elementos gráficos da descarga facilitam essa diferenciação. É o que fazemos nos exames de eletromiografia ambulatorial com a base de tempo de 10 ms/cm. Artefatos são muito comuns e devem ser diferenciados das descargas e dos potenciais de unidade motora. Outras atividades musculares espontâneas conhecidas da rotina da eletromiografia praticada clinicamente podem ser registradas na EMG livre intraoperatória, sendo consideradas artefatos, nestes casos. Potenciais de fibrilação nos músculos previamente desnervados, descargas miocímicas e miocimias, ruído de placa motora e as descargas repetitivas complexas, podem ser facilmente identificados por neurofisiologistas habituados com a rotina da eletromiografia.[9,11] Diante da impossibilidade do uso de bloqueadores neuromusculares (BNM), alguns músculos mostram atividade contínua, que muitas vezes persiste por todo o procedimento cirúrgico, por exemplo, os mm abdominais, *iliopsoas*, *frontalis*, esfíncter anal e laríngeos.[2,8] A interferência externa também é frequente na EMG, e está relacionada com o ambiente eletricamente hostil do centro cirúrgico, como as senoides de 60 Hz e demais harmônicos, requerendo a identificação adequada da causa e sua correção (veja capítulo sobre instrumentação neste livro). Outras fontes de interferência externa conhecidos: carrinhos de anestesia, respiradores, aquecedores e umidificadores de ar, bem como cautérios, *drill*, microscópios, aspiradores ultrassônicos e bombas de infusão, entre outros.

Aceita-se de uma forma geral que o ruído na linha de base em repouso não deva exceder 20 μV de amplitude para o adequado registro da EMG.[7] Alguns exemplos de artefatos estão ilustrados nas Figuras 11-3 e 11-4.

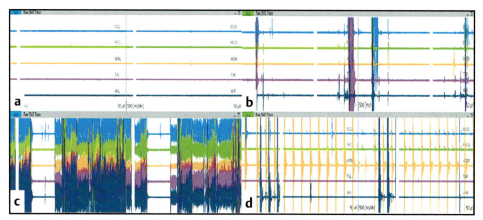

Fig. 11-3. EMG livre – traçado normal (**a**), artefatos de cautério bipolar (**b**), artefatos de cautério monopolar (**c**) e artefato de estímulos de potenciais evocados somatossensitivos (**d**).

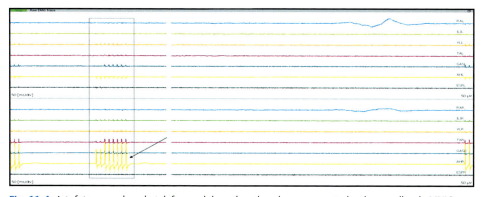

Fig. 11-4. Artefato causado pelo telefone celular colocado sobre o computador do aparelho de MNIO – observe como a morfologia do registro do *abductor halluccis* direito (AHR) lembra uma descarga neurotônica (seta). Note que a mesma resposta aparece em outros canais no mesmo tempo.

ELETRODOS DE REGISTRO

No cenário intraoperatório, o papel da EMG é a localização precisa e a proteção dos nervos, funções para a qual os eletrodos de agulha são superiores. Com raras exceções, como no registro da atividade laríngea com eletrodos na cânula endotraqueal,[3] o uso de eletrodos de superfície é inadequado.[2,8] Os eletrodos ideais para o registro são os subdérmicos ou intramusculares de agulha monopolar ou de fio (do inglês, *hooked wire*) (Fig. 11-5).[2,8] Entre as complicações do uso do eletrodo de agulha na laringe, por exemplo, podemos listar a necessidade de treinamento especial para posicionar adequadamente os eletrodos, a possível quebra da agulha, laceração e hematomas de pregas vocais, e a perfuração e esvaziamento do balão da cânula endotraqueal, necessitando trocá-la.[7] Uma alternativa ao uso da agulha é o uso de eletrodos de fio inseridos diretamente nas pregas vocais por meio de laringoscopia direta.[8] São fios de níquel-cromo muito finos (0,01 mm), revestidos com teflon até 2-3 mm da sua extremidade, onde estão descobertos. Embora de fácil aplicação em músculos profundos e do isolamento ao longo de seu trajeto, eletrodos de fio podem ser deslocados acidentalmente com relativa facilidade e não podem ser reposicionados. Por ser um procedimento doloroso, sugerimos que os eletrodos de agulha e de fio sejam colocados depois que o paciente estiver anestesiado.

É necessário fixar os eletrodos com esparadrapo, fita adesiva Micropore®, Transpore® ou similar (Fig. 11-6). É imperativo checar a qualidade do registo antes do procedimento prosseguir, porque uma vez que o paciente esteja coberto, dificilmente será possível trocar ou reposicionar os eletrodos.[8]

COLOCAÇÃO DOS ELETRODOS DE REGISTRO

Assim como na eletromiografia ambulatorial, são utilizados um eletrodo G1 (ativo) e outro G2 (referência), embora no registro intraoperatório (diferente da ambulatorial) observamos a distância de cerca de 1 cm entre ambos, sempre colocados próximos à zona de extensão de placas motoras, evitando prolongamento das latências terminais e amplificação de ruídos e interferências externas. Como a morfologia da resposta muscular na MNIO é complexa (polifásica), não se dá muita importância sobre qual deve ser G1 ou G2. Um único fio terra pode ser utilizado para todos os canais de um determinado amplificador. Alguns equipamentos possuem mais de um amplificador ou possuem mais de uma régua para conectar os eletrodos, necessitando de mais de um fio de terra. Dependendo do procedimento cirúrgico e do número de

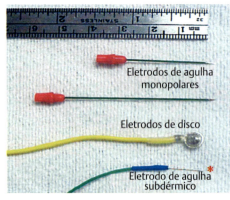

Fig. 11-5. Eletrodos de registro utilizados em eletromiografia. Para o registro intraoperatório são preferidos os eletrodos subdérmicos e eletrodos de fio. (Modificada de Strommen JA e Crum BA, 2008.)[8]

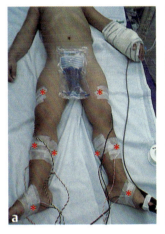 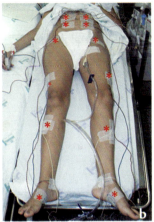

Fig. 11-6. Posicionamento dos eletrodos de agulha hipodérmica em alguns dos músculos mais utilizados em MNIO identificados com asterisco (pares agulhas com fios trançados). De baixo para cima, (**a**) *Abductor hallux brevis, Tibialis anterior, Gastrocnemius caput medialis, Vastus lateralis*; e (**b**) *Abductor hallux brevis, Tibialis anterior, Vastus lateralis, Iliopsoas, Rectus abdominalis pars inferior e Rectus abdominalis pars superior*.

canais disponíveis, os eletrodos G1 e G2 podem ser colocados num mesmo músculo, um par de elétrodos no *bíceps brachii* e outro par no *brachioradialis* (maior detalhamento) ou podem ser colocados um eletrodo em cada músculo de um determinado segmento como o *bíceps brachii* e o *tríceps cap lateralis* representando o **braço** (menor detalhamento e maior área de abrangência). Para identificação detalhada de cada raiz, portanto, precisamos de G1 e G2 em um mesmo músculo representativo de cada raiz, como o *tibialis anterior* (L4-**L5**) *vastus lateralis* (L3-**L4**) e *gastrocnemius lateralis* (L5-**S1**). Se o detalhamento não for necessário, mas a área de representação cortical (perna, coxa, pé etc.), usamos por exemplo, o *tibialis anterior* com o *gastrocnemius lateralis* para a **perna**, e o *vastus lateralis* com o *rectus femoralis* para a **coxa**. Com essa montagem, vários níveis podem ser continuamente monitorizados com menos canais, mas a identificação exata da raiz acometida fica comprometida.

Em procedimentos que envolvem risco aos nervos cranianos, o detalhamento é fundamental. Nessas situações, os dois eletrodos são colocados em um mesmo músculo, e muitas vezes mais de um músculo do mesmo nervo craniano é monitorizado, como no caso do nervo facial, que pode ser monitorizado por meio de vários eletrodos colocados nos mm *frontalis, orbicularis oculi, nasalis, orbicularis ori* e *mentalis*.[3] O posicionamento dos eletrodos para monitorização dos nervos cranianos motores são apresentados a seguir (Fig. 11-7).

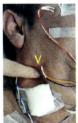     

Fig. 11-7. Exemplo de posicionamento dos eletrodos em alguns músculos representativos de nervos cranianos, conforme o Quadro 11-1. Da esquerda para a direita: V: *masseter;* VII superior: *orbic oculi;* VII inferior: *orbic. ori;* IX: palato mole lateralmente; X: *tiroarytenoideus ou cricotyroideus;* XI: *trapezius.*

Diferentes dos demais, os músculos oculares externos demandam especial atenção. Podem ser monitorizados com EMG por meio de eletrodos de agulha subdérmica ou eletrodos de fio inseridos diretamente nos músculos ou por eletro-oculografia colocando-se um eletrodo em cada quadrante da órbita. Observando que o globo ocular possui um dipolo com negatividade na retina e positividade na córnea, a movimentação do olho provoca deflexões nos traçados destes eletrodos periorbitários, possibilitando a identificação adequada dos nervos oculomotores, especialmente III e VI (Fig. 11-8).[8]

PARÂMETROS DE REGISTRO

Em MNIO, os registros de EMG livre são feitos com sensibilidade de 50 µV, filtro de baixa frequência (passa-alta) de 30 Hz e filtro de alta frequência (passa-baixa) 4 a 10 kHz, com velocidade de varredura de 10 a 200 ms/cm. Tanto a observação visual quanto o retorno auditivo são importantes para o imediato reconhecimento, localização e posterior revisão dos elementos gráficos, os quais possuem morfologia e som característicos.[2,8] O retorno de áudio da EMG livre permite não apenas ao neurofisiologista, mas também ao cirurgião inferir sobre uma possível irritação ou lesão do nervo de forma mais rápida. Os equipamentos atuais permitem estabelecer um limiar de sensibilidade (amplitude) para

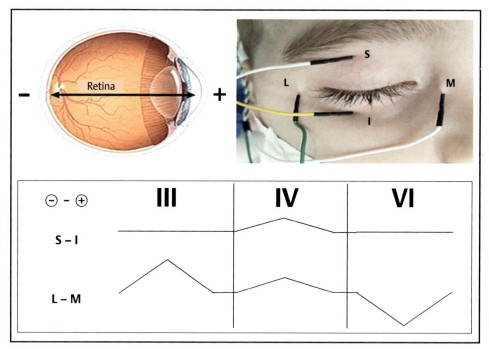

Fig. 11-8. Dipolo da retina e posicionamento dos eletrodos para registro da eletro-oculografia. Observar que o traçado apresentado respeita as montagens como representadas, **S**uperior (-) e **I**nferior (+); **L**ateral (-) e **M**edial (+). O estímulo do III nervo desvia o olho medialmente, tornando o eletrodo **L** mais negativo que o **M**, deflexão para cima. O estímulo do IV nervo gira o globo ocular medial e inferiormente, tornando levemente mais negativo os eletrodos **M** e **I** ocasionando discreta deflexão negativa em ambos. E, finalmente, o estímulo do VI nervo desvia o olho lateralmente, tornando **M** mais negativo que **L**, ocasionando a deflexão da onda para baixo.

o qual uma descarga que ultrapasse esse limite emita um alarme sonoro e também fique registrada na memória do equipamento, para análise posterior.[2,8]

ELETROMIOGRAFIA ESTIMULADA

O principal objetivo da EMG estimulada no contexto intraoperatório é identificar uma estrutura como sendo ou não tecido neural. Só é registrada quando o cirurgião empunha a sonda para estimular o nervo, portanto as alterações nem sempre possuem relação temporal com a estimulação (Fig. 11-9).[2,4,8] A medição das amplitudes pode acrescentar informação a respeito da integridade axonal, entretanto, a redução da amplitude não significa que haverá déficit (pode ser bloqueio de condução transitório).[5] Pode ser utilizada em qualquer nervo ou estrutura neural que esteja ao alcance da sonda estimuladora e possua eletrodos de registro posicionados nos músculos inervados por esse nervo ou estrutura neural (Fig. 11-10).[2,8]

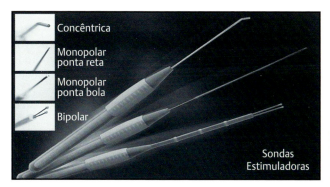

Fig. 11-9. Sondas estimuladoras. De cima para baixo: concêntrica, monopolar de ponta reta, monopolar de ponta bola e bipolar.

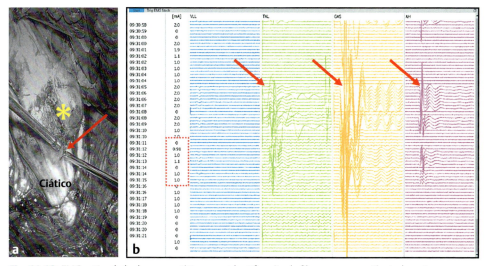

Fig. 11-10. EMG estimulada do nervo ciático para identificação de fibras nervosas viáveis durante a ressecção de schwannoma. (a) Asterisco amarelo – schwannoma; seta vermelha local de estímulo; (b) setas vermelhas – PAMC registrados nos mm. *tibialis anterioris*, *gastrocnemius cap. lateralis* e *abductor hallucis*.

ELETRODOS DE REGISTRO, COLOCAÇÃO DE ELETRODOS E PARÂMETROS DE REGISTRO

O mesmo protocolo utilizado para o registro da EMG livre também é utilizado na EMG estimulada. Isso serve para o tipo de eletrodo de registro e o posicionamento desses eletrodos. O que muda nos parâmetros de registro: os PAMC devem ser registrados com sensibilidade de 200 a 2.000 µV, utilizando filtros de baixa (passa-alta) de 20 Hz e de alta (passa-baixa) de 1 kHz e base de tempo de 2 a 10 ms/cm, dependendo do comprimento do nervo (2 ms/cm para músculos da face, 5 ms/cm para os MMSS e 10 ms/cm para os músculos dos MMII). O retorno de áudio na EMG estimulada também auxilia o neurofisiologista e o cirurgião. Para isso utilizamos dois tipos de tom: um mais agudo, quando aparece um PAMC com amplitude acima do limiar estabelecido; e outro, mais abafado, a cada estímulo, mesmo que não haja PAMC. Nesse último o cirurgião sabe que o estímulo está sendo aplicado porque ouve o tono abafado do estímulo, mas sabe que não estimula o nervo pois não há o tono do PAMC acima do limiar.

PARÂMETROS DE ESTÍMULO

A estimulação pode ser feita por meio de sonda monopolar com ponta fina (para nervos e raízes) ou ponta esférica (para pedículos e parafusos pediculares), mas também pode utilizar sondas bipolares (para nervos e raízes) e concêntricas (assoalho do IV ventrículo, cauda equina e tumores envolvendo nervos).

Não se usam sondas bipolares ou concêntricas para estimular parafusos pediculares. As sondas monopolares necessitam de um eletrodo de retorno (ânodo) que deve ser posicionado próximo ao campo cirúrgico para reduzir o artefato de estímulo (Fig. 11-11). O estímulo direto a nervos periféricos pode ser de voltagem constante ou corrente constante, preferindo-se este último. Esses estimuladores possuem maior precisão e limitam os estímulos, muitas vezes até 4 mA. O estímulo de pedículos e parafusos pediculares pode ser feito por um estimulador de corrente constante padrão, como utilizado na EMG ambulatorial, que pode alcançar até 100 mA de intensidade. Em nosso serviço padronizamos o estímulo com pulsos quadrados de 0,2 ms de duração aplicados a 3 Hz de frequência. Os aparelhos dedicados à MNIO conseguem identificar e informar quando o circuito de estimulação está fechado ou aberto, evitando dessa maneira interpretações equivocadas. Atenção redobrada no momento da estimulação deve ser tomada em relação aos bloqueadores neuromusculares. É conveniente que antes do início dos testes de estímulo se proceda a estimulação com um trem de 4 respostas (do inglês, *train-of-four*, ou simplesmente TOF) para avaliar se há BNM. Fatores como agentes inalatórios, temperatura e pressão arterial não interferem na EMG, diferente do que acontece com os potenciais evocados. Irrigação prolongada com soro frio pode ocasionar descargas neurotônicas e até mesmo bloqueio de condução, dando a falsa impressão de lesão.

PROBLEMAS FREQUENTES

Entre os principais problemas da MNIO com EMG que demandam atenção da equipe envolvida com a MNIO, a despeito do acima mencionado (fontes de interferência, ruído e bloqueio anestésico), a preexistência de uma doença que resulte em limiar de excitabilidade mais alto pode ter como consequência ausência ou reduzido número de descargas, mesmo na vigência de um estiramento. A lesão abrupta do nervo, sem o estiramento prévio, também, pode passar despercebida da equipe, pois, na maioria das vezes, não resulta em descargas neurotônicas. A presença constante de descargas durante a cirurgia seguida

CAPÍTULO 11 • ELETROMIOGRAFIA

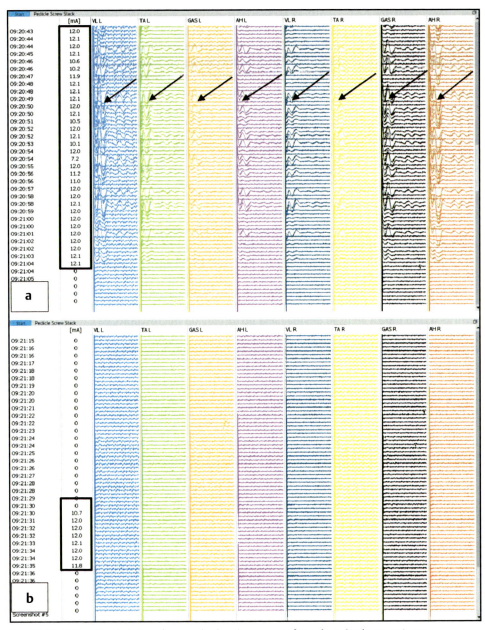

Fig. 11-11. EMG estimulada (parafusos pediculares) – com artefatos de estímulo proeminentes em decorrência do retorno da sonda colocado distante do campo (**a**, setas), e ausentes após sua aproximação do campo cirúrgico (**b**).

Quando um estímulo excitatório atinge um neurônio, causa uma alteração local na permeabilidade da membrana e o interior da célula fica menos negativo, o que é chamado de despolarização da membrana. Cada neurônio recebe o sinal de milhares de outros neurônios. Se a soma de todos os sinais recebidos excede um certo limiar, ocorre uma despolarização muito maior, que gera um pulso elétrico, conhecido como potencial de ação, que se propaga ao longo do axônio até atingir o terminal sináptico. No terminal sináptico das sinapses químicas ocorre a liberação de neurotransmissores, que interagem com receptores nas membranas do corpo e dos dendritos do neurônio seguinte (pós-sináptico). O efeito desta interação é a geração de um potencial pós-sináptico, que pode ser excitatório (PEPS) ou inibitório (PIPS). No primeiro caso, o potencial de membrana é reduzido, ficando mais próximo do limiar para a geração do potencial de ação, no segundo caso o potencial é aumentado, distanciando-se do limiar de disparo. Nesta segunda célula então, toda vez que a soma dos potenciais pós-sinápticos exceder o limiar de excitação, um novo potencial de ação será gerado, o qual trafegará pelo axônio para atingir outra célula. Desta forma um pulso original pode se propagar ao longo de uma rede neuronal. O potencial de membrana é restaurado por mecanismos celulares e o processo pode ser repetido rapidamente.

Um potencial de ação dura apenas 2 mS, enquanto um potencial pós-sináptico dura aproximadamente 25 mS.[31] No corpo e dendritos neuronais ocorre a somação temporal e espacial dos potenciais pós-sinápticos. A somação temporal ocorre quando repetidos PEPS são gerados pelo mesmo terminal pós-sináptico, enquanto a somação espacial ocorre quando vários terminais pós-sinápticos disparam simultaneamente. Acredita-se que a corrente elétrica associada, principalmente aos potenciais pós-sinápticos, mais até do que aos potenciais de ação, dependente da ativação síncrona de neurônios conectados e funcionando em rede, seja o principal mecanismo responsável pela geração dos sinais do EEG.[17] O EEG é, então, a representação gráfica das oscilações dos potenciais elétricos de campo ou extracelulares gerados junto aos neurônios piramidais, os quais estão dispostos de maneira perpendicular à superfície cortical. Este sinal é captado por meio de eletrodos e sofre amplificação e filtragem pelo equipamento de registro para que seja adequadamente visualizado na tela do computador.

METODOLOGIA

No ambiente cirúrgico, onde habitualmente existe grande número de equipamentos conectados ao paciente, é importante o emprego da técnica adequada e de aparelhos de EEG de qualidade para se minimizar a interferência elétrica no registro. Veremos a seguir, aspectos relevantes referentes a equipamento, montagens, eletrodos e parâmetros para gravação utilizados na prática do EEG intraoperatório.

Equipamento

O aparelho de EEG é um amplificador diferencial, ou seja, amplifica o sinal captado pelos eletrodos, de forma que os potenciais semelhantes às duas entradas (ruídos) não são amplificados, enquanto os potenciais de valores diferentes em cada entrada (sinal do EEG) são amplificados. A magnitude com que determinado equipamento rejeita sinais semelhantes às duas entradas se denomina taxa de rejeição de modo comum e esta deve ser elevada, especialmente no ambiente cirúrgico, para minimizar os ruídos elétricos.

O equipamento também deve seguir as normas de segurança elétrica, já apresentadas no capítulo de instrumentação e segurança elétrica, e para isso deve-se:

- Evitar correntes de fuga > 10 μA.
- Certificar que o paciente esteja eletricamente aterrado a um único local.

- Manter o retorno do cautério o mais próximo do local que está sendo abordado cirurgicamente.
- Realizar manutenção do equipamento periodicamente por equipe de engenharia elétrica certificada.[4]

Eletrodos e Montagens

Para a obtenção do registro, podemos utilizar eletrodos de superfície tipo disco/cúpula ou tipo agulhas, e seu posicionamento deve seguir os princípios do sistema internacional 10-20, preconizado pela Federação Internacional de Neurofisiologia Clínica (IFCN) (Fig. 12-1). Durante a escolha do tipo de eletrodo, leva-se em consideração a melhor possibilidade de fixação. Os eletrodos de cúpula fixados com colódio não são invasivos, são mais seguros e com menor impedância. No entanto, a aplicação destes precisaria ser realizada fora da sala cirúrgica pelo caráter volátil do colódio que contém éter em sua composição. Além disto, o seu uso demanda um tempo de aplicação muito maior que o eletrodo de agulha e se ocorrer a perda de algum eletrodo durante o procedimento cirúrgico não será possível a substituição dele.

Por outro lado, nos casos em que se emprega anticoagulação, como nos procedimentos endovasculares, o sangramento nos locais das agulhas deve ser uma preocupação do neurofisiologista.

Nos procedimentos que exigem o uso de radioscopia, como nas intervenções endovasculares, nos quais o paciente permanece consciente, o emprego do eletrodo de agulha

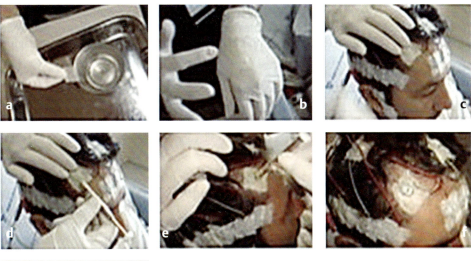

Fig. 12-1. Eletrodos aplicados com colódio utilizando o sistema internacional 10-20. (**a**) Tecido cortado em quadrados; (**b**) tecido cortado embebido em colódio; (**c**) tecido aplicado sobre o eletrodo; (**d**) secagem com ar comprimido; (**e**) abertura do orifício no tecido; (**f**) aspecto final; (**g**) preenchimento da cúpula do eletrodo com gel condutor. (Reproduzida por cortesia de autora do livro: O ABC de um registro eletroencefalográfico.)

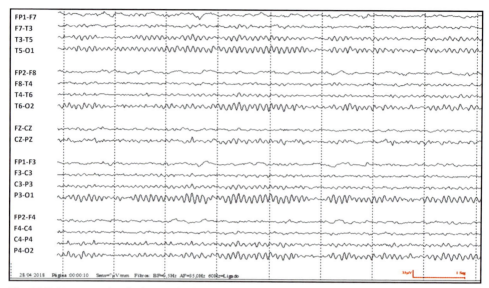

Fig. 12-5. Montagem bipolar longitudinal (*dupla banana*), contígua. Linha de base obtida com o paciente acordado, antes da indução anestésica. Observado ritmo dominante posterior na frequência alfa.

deve-se lembrar que montagens reduzidas e a distância dobrada limitam ainda mais a avaliação de pequenas áreas de lesão.

Após a montagem, sempre que possível, é importante que se obtenha a linha de base do EEG antes da indução anestésica, por um período de 15 a 20 minutos, com o paciente ainda acordado. Dessa forma, alterações anteriores ao início do procedimento podem ser visualizadas. Após a indução, o traçado deve ser adquirido de forma contínua, especialmente durante o clampeamento da carótida, e nos 15 minutos que se seguem a este, nas cirurgias de endarterectomia.

Durante todo o registro, os eventos devem ser anotados no histórico do procedimento, como por exemplo: paciente em sala, medicação pré-anestésica utilizada, drogas usadas na indução anestésica, intubação sob uso de relaxantes musculares, registro de base, artefatos e suas causas, valores de pressão arterial, momentos críticos do procedimento, passos da cirurgia, extubação e exame neurológico pós-extubação. Alguns autores monitorizam o EEG até o momento em que o paciente fica completamente acordado e colaborativo ao exame neurológico, pois complicações como embolização ou oclusão trombótica da carótida podem ainda ser identificadas.[15]

Parâmetros para Gravação

Os parâmetros utilizados objetivam a melhor visualização de ondas lentas, possíveis lentificações focais e eliminação de ruídos de alta frequência.

Usualmente se utilizam os filtros de 1 Hz, para baixas frequências e de 70 Hz, para as altas. Entretanto, na monitorização existe o interesse em se observar a ocorrência de ondas lentas e, assim, o filtro de baixas frequências pode ser reduzido para 0,3 ou 0,5 Hz. O filtro de alta frequência pode ser o mesmo empregado no registro de rotina, ou seja, 70 Hz, mas pode ser ajustado para 35 Hz, quando houver excesso de ruído (Figs. 12-6 e 12-7).

Os amplificadores modernos possuem alta capacidade de rejeição de artefatos e ruídos elétricos, inclusive os de 60 Hz. Se o artefato de 60 Hz for excessivo pode dificultar a interpretação do EEG, e a identificação da origem deste problema torna-se fundamental, devendo-se, para isso: 1. verificar as impedâncias dos eletrodos; 2. conectar o amplificador

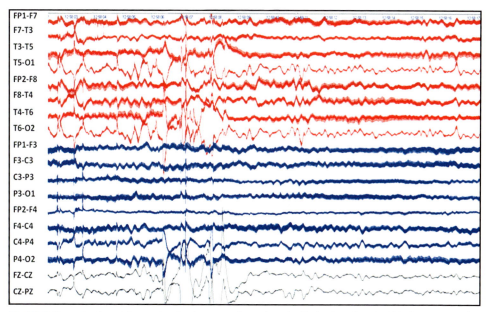

Fig. 12-6. Exemplo de registro contaminado por artefatos da rede elétrica (artefato de 60 Hz), representado pelo aumento da espessura e pelo aspecto serrilhado do traçado. Filtro de alta frequência 70 Hz.

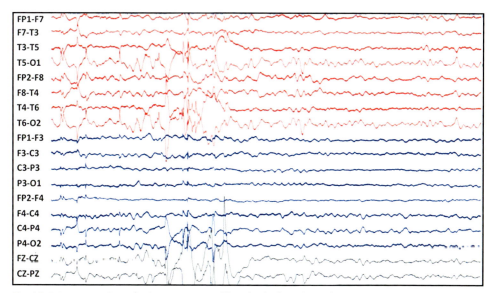

Fig. 12-7. Mesmo registro da Figura 12-6 com filtro de alta frequência de 35 Hz.

PARTE II • TÉCNICAS DE NEUROFISIOLOGIA CLÍNICA PARA MNIO

Quadro 12-1. Parâmetros Utilizados para Gravação do EEG durante a MNIO

Filtro de baixa frequência	0,5-1,0 Hz
Filtro de alta frequência	35-70 Hz
Sensibilidade*	3-5 µV/mm
Velocidade	10-30 mm/s

*Ajustada para o período sob manutenção anestésica.

onda e a interpretação do traçado pode se tornar difícil, pois o artefato pode ser facilmente confundido com atividade elétrica cerebral e vice-versa, assim como uma assimetria da atividade pode deixar de ser visualizada. No geral, há ligeira vantagem na comparação dos hemisférios quando se utilizam velocidades maiores (30 mm/s).[6]

O Quadro 12-1 mostra os parâmetros de rotina preconizados para gravação de um EEG durante a MNIO.

ANESTESIA E CIRURGIA

Como todas as demais técnicas utilizadas em MNIO, o EEG intraoperatório demanda nível superficial, contínuo e estável de anestesia. Os efeitos anestésicos variam de leves alterações inespecíficas ao padrão isoelétrico, e se acredita que a interferência com a transmissão sináptica seja o principal responsável. Desta forma, o potencial evocado motor que depende de transmissão sináptica do neurônio cortical até o neurônio do corno anterior da medula e deste para o músculo, é o mais sensível aos efeitos anestésicos.

Durante o procedimento cirúrgico, deve haver um cuidado na comunicação entre o neurofisiologista e o anestesista. Informações sobre regimes anestésicos utilizados, modificações realizadas nas medicações, valores de pressão arterial, concentrações de O_2 e CO_2, concentração de hemoglobina, são de fundamental importância para se interpretar corretamente se as alterações eletroencefalográficas são relacionadas com o procedimento cirúrgico ou se decorrem de outros fatores.[26]

As drogas hipnóticas podem ser classificadas em dois grupos com base em seu principal mecanismo de ação: agonistas de receptor GABA e antagonistas de receptores NMDA. Agonistas de receptor GABA incluem a maioria dos anestésicos inalatórios, barbitúricos, benzodiazepínicos, propofol e etomidato. Exercem efeitos sobre o EEG em baixas doses, inicialmente com oscilações rápidas, apresentando-se como uma atividade de 12-14 Hz de projeção frontal e central. Após aprofundamento da anestesia, predomina um incremento das atividades delta e teta, inicialmente também mais proeminentes nas áreas anteriores. Na fase seguinte, ocorre a substituição da lentificação difusa por um padrão de surto-supressão. Na maioria das cirurgias, este nível profundo de anestesia não é necessário. Caso o aumento na dose do anestésico sedativo se mantenha, o traçado evolui para um padrão isoelétrico (supressão da atividade eletroencefalográfica). A Figura 12-12 resume a sequência de alterações eletroencefalográficas acima descritas, desde o período de indução até padrões mais profundos de anestesia.

O conhecimento da farmacologia das drogas utilizadas no procedimento anestésico é essencial, pois seus efeitos são dependentes de vários fatores, entre eles a via de administração. Uma descrição mais detalhada pode ser encontrada no capítulo de anestesia. O aumento súbito de sevoflurano, por exemplo, pode trazer alterações compatíveis com padrão de baixa perfusão cerebral. Por outro lado, o padrão de surto-supressão pode estar

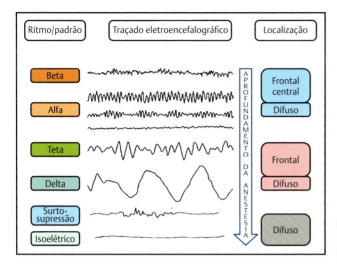

Fig. 12-12. Variações de ritmos/padrões à medida que ocorre o aprofundamento anestésico.

presente nos casos de isquemia e não estar necessariamente associado à anestesia. Vale ressaltar que nos momentos críticos, onde a interpretação do EEG é primordial, nenhuma alteração anestésica deve ser realizada. Agentes barbitúricos progridem rapidamente entre lentificação e padrão surto-supressão. Benzodiazepínicos tendem a produzir atividades de frequência mais rápida e necessitam de maior quantidade para atingir o padrão de surto-supressão, enquanto propofol atinge surto-supressão em doses menores. O etomidato aumenta a chance do aparecimento de atividade epileptiforme.[23,30]

Os antagonistas de receptores NMDA compreendem anestésicos inalatórios não halogenados como o óxido nitroso e o xenônio. Grande variabilidade do efeito dos anestésicos sobre o EEG pode ser observada entre estes agentes. O óxido nitroso (N_2O), por exemplo, produz efeitos modestos sobre o EEG, já a cetamina em doses maiores produz padrão surto-supressão.

Os opioides podem produzir alentecimento do EEG na faixa delta, já os relaxantes musculares não têm efeito direto sobre ele.

O Quadro 12-2 mostra as principais alterações esperadas pelos anestésicos habitualmente utilizados durante os procedimentos cirúrgicos. As Figuras 12-13 a 12-16 apresentam exemplos de alterações na atividade de base com o uso de determinados anestésicos durante o procedimento.

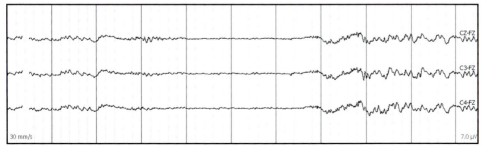

Fig. 12-13. EEG com montagem simples anterior para avaliação do nível anestésico, observa-se supressão de atividade elétrica cerebral (EEG isoelétrico) com o uso de sevoflurano.

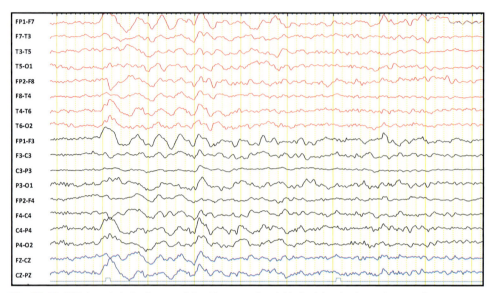

Fig. 12-14. EEG durante indução anestésica. Presença de atividade delta rítmica mais proeminente nas regiões anteriores.

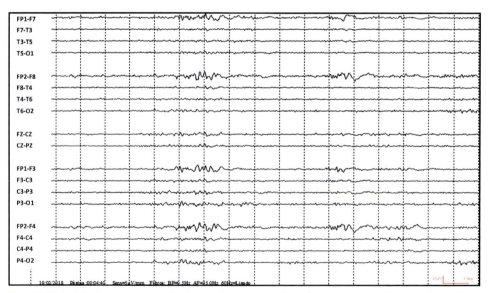

Fig. 12-15. Padrão de surto-supressão observado em anestesia profunda com propofol e remifentanil. Velocidade de 15 mm/s.

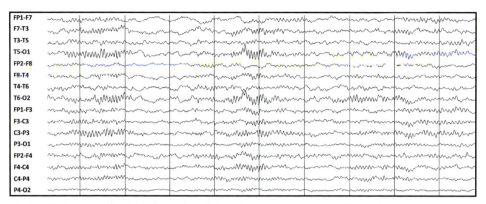

Fig. 12-16. Aumento de atividade rápida na faixa beta com o uso de benzodiazepínico para indução anestésica. Velocidade: 30 mm/s.

Quadro 12-2. Anestésicos e Alterações na Atividade de Base Esperada

Anestésico	O que se espera
Barbitúricos	Lentificação do traçado até o padrão quase isoelétrico
Benzodiazepínicos	Predomínio de frequências mais rápidas até SS Padrão quase isoelétrico é incomum
Propofol	Atividade de alta frequência, seguida de redução da amplitude e SS com doses relativamente baixas
Etomidato	Pode aumentar atividade epileptiforme e induzir crises
Isoflurano Sevoflurano	SS mesmo sem afetar a pressão arterial Isoflurano induz SS em doses baixas. Sevoflurano é proconvulsivante
Cetamina	Em doses baixas: aumento de atividade beta. Em doses altas: pode promover SS
Opioides	Aumento de ondas na faixa delta SS e atividade quase isoelétrica não são comuns

SS: Padrão em surto-supressão.

INTERPRETAÇÃO

Os principais mecanismos de alteração do EEG são a anestesia, a isquemia cortical e a hipotermia. Outros fatores menos comuns seriam a hiperventilação e a anemia.

Isquemia

Uma redução no suprimento sanguíneo ameaça a integridade dos neurônios que não podem sobreviver por mais que 3-5 minutos sem uma oxigenação adequada. Sob condições isquêmicas, os neurônios preservarão principalmente a estrutura em detrimento da função e assim os registros eletrofisiológicos serão os primeiros a ser afetados.

Alguns procedimentos cirúrgicos envolvem uma interrupção temporária do fluxo sanguíneo a áreas cerebrais específicas, geralmente pelo clampeamento temporário de uma artéria. Assim cirurgias tais como endarterectomia carotídea, *stenting* carotídeo, clipagem de aneurisma e reparo de malformações arteriovenosas são procedimentos nos quais se utiliza a monitorização por EEG. Durante o teste de oclusão carotídea, se encontrou que a redução do FSCr de um valor normal de 50-54 mL/10 g/min para 16-22 mL/100 g/min cursou com alentecimento do EEG, e quando a redução atingiu 12-19 mL/100 g/min, ocorreu atenuação da atividade elétrica cerebral.[25] Em comparação, estudo sobre o PESS mostrou que uma redução de 50% na amplitude (critério de alarme mais comumente utilizado) foi observada quando o fluxo se reduziu para 14 mL/100 g/min, sugerindo, portanto, que a alteração no EEG seria mais precoce que a observada no potencial evocado.[12,14] Entretanto, outros autores argumentam que o grau de subjetividade na interpretação do EEG é maior e a adição do potencial evocado somatossensitivo (PESS) detectaria a isquemia subcortical além da cortical detectada pelo EEG. Estes autores consideram que o diagnóstico de isquemia cerebral não deve se basear somente em um critério isolado, EEG ou PESS (Fig. 12-17).[2,7]

A incidência de isquemia nas cirurgias neuro e cardiovasculares varia em função do tipo de cirurgia, tempo cirúrgico, tempo de acompanhamento pós-operatório, tipo de avaliação da função neurológica e cognitiva aplicada, e do próprio desenho dos estudos.[8,21]

A endarterectomia carotídea é um tratamento comprovado para a prevenção secundária de AVE em estenose carotídea crítica (de 70-99%) sintomática e assintomática. Durante o clampeamento da carótida, o fluxo sanguíneo para o hemisfério ipsolateral pode ser fornecido por colaterais, se o círculo de Willis estiver intacto. Se o fluxo por esta rota não for suficiente, um *shunt* temporário fornecendo uma ponte para a artéria carótida pode ser aplicado. AVE perioperatório, definido pela presença de déficits neurológicos transitórios ou persistentes dentro de 30 dias do procedimento, é uma complicação comum da endarterectomia carotídea com incidência média de 2-4%. Os mecanismos responsáveis

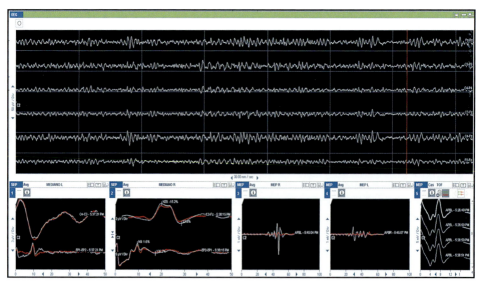

Fig. 12-17. Monitorização em cirurgia de aneurisma da artéria comunicante anterior. Registro por EEG acompanhado de potenciais evocados somatossensitivos de membros superiores onde se observam os picos de N20 e N9 (também foram utilizados PESS de membros inferiores) e motor (potencial motor registrado no músculo abdutor curto do polegar). A última coluna representa o teste TOF (*train of four* – demonstrando a ausência de bloqueio neuromuscular).

pelo AVE seriam: 1. hipoperfusão durante o clampeamento carotídeo; 2. embolia particulada ou de ar durante os procedimentos de *shunting* e reperfusão da carótida; 3. hiperemia cerebral por reperfusão; 4. êmbolos pós-operatórios por debris que permanecem no vaso ou coágulos do leito cirúrgico e 5. hipotensão ou hipertensão pós-operatória.[10]

Normalmente, em vigência de hipoperfusão (queda do fluxo sanguíneo cerebral abaixo de 15-25 mL/100 g/min) durante o clampeamento da carótida, é comum a perda ipsolateral das frequências mais rápidas. Porém, em pelo menos 1/3 destes pacientes é possível a observação de alterações bilaterais no traçado em decorrência de um aumento momentâneo na redistribuição do fluxo sanguíneo pelo polígono de Willis.[22,26]

Espera-se que as alterações eletrográficas ocorram em pelo menos 15 segundos após o clampeamento da carótida, na seguinte sequência:

1. Aumento de ondas na faixa alfa e redução do ritmo beta.
2. Após 15 segundos, o contingente de ondas alfa reduz, enquanto o ritmo beta continua declinando e inicia-se o aumento de ondas lentas nas faixas delta e teta. O conteúdo de ondas lentas na faixa delta permanece aumentando até em média 30 segundos.
3. Após 30 segundos ocorre a supressão do traçado.

Quando temos uma alteração parcial da circulação, as alterações do EEG ocorrem em um período um pouco mais prolongado, de no máximo 2 minutos.

De acordo com Visser *et al.* (1999) é possível o aparecimento de ondas rápidas na faixa beta em alguns pacientes durante o clampeamento da carótida, fato este que pode estar correlacionado a algum sinal de aumento da excitabilidade.[29]

Embora permaneça como a técnica intraoperatória mais amplamente utilizada nas endarterectomias por sua capacidade em detectar hipoperfusão cerebral, suas limitações vêm principalmente da falha em detectar embolizações. As limitações da técnica foram observadas em revisão sistemática que incluiu 8.765 adultos de 30 estudos de coorte utilizando 8 ou mais canais de EEG para a monitorização intraoperatória. A incidência total de déficit neurológico foi de 1,75% (153/8.765). Destes 153 pacientes, somente 81 apresentaram sinais de isquemia ao EEG (52,94%). Concluiu-se que as alterações encontradas no EEG intraoperatório são altamente específicas (média 84%, IC 95% 81-86%), mas que o método não é muito sensível (média de 52%, IC 95% 43-61%).[24] Neste sentido, embora o Doppler transcraniano não tenha demonstrado melhor sensibilidade que o EEG, a associação das técnicas de EEG e potencial evocado com o Doppler transcraniano pode trazer informações complementares e merece novos estudos.

Hipotermia

A hipotermia pode ser induzida em cirurgias onde há necessidade de neuroproteção, como nas cirurgias cardiovasculares que possam comprometer a perfusão cerebral.

Na prática, durante a indução da hipotermia, o EEG segue a seguinte evolução:

1. Atenuação progressiva da amplitude e lentificação da atividade de base, mais evidente nas regiões anteriores.
2. Por volta de 30°C, ocorre o aparecimento de atividade periódica lateralizada ou generalizada; e então, essa atividade começa a ficar descontinuada.
3. Por volta de 24°C, ocorre o aparecimento dos períodos de surto-supressão, com presença de atividade periódica composta por ondas lentas de alta voltagem e de longa duração, alternando com períodos prolongados de supressão do traçado.
4. Por fim, por volta de 18°C, ocorre o silêncio elétrico cerebral (Fig. 12-18), embora possa ocorrer na faixa de 10,4 a 27°C.

TÉCNICAS QUANTITATIVAS

Além da análise visual, várias técnicas quantitativas foram propostas para auxiliar na interpretação do EEG. Entretanto, o EEG quantitativo (EEGq) é considerado limitado e adjuntivo e a visualização em tempo real do EEG regular deve sempre estar disponível mesmo que o EEGq seja utilizado. A transformada rápida de Fourier (FFT) decompõe o sinal do EEG nas várias faixas de frequência. A força espectral (PS) é calculada elevando-se as amplitudes de cada componente de frequência ao quadrado. Vários formatos de *display* têm sido desenvolvidos para a análise da força espectral ou do EEG: 1. CSA: *compressed spectral array*, um gráfico em pseudo três dimensões; 2. DSA: *dot-density spectral array*, um gráfico bidimensional cinza ou colorido. Há ainda outras medidas derivativas, tais como SEF (*spectral edge frequency*).

O *brain symmetry index* (BSI), introduzido em 2004 quantifica a assimetria espectral média entre os hemisférios.[27]

CONCLUSÃO

A monitorização neurofisiológica com uso do EEG compõe papel fundamental em cirurgias complexas cardio e neurovasculares. Complicações corticais graves podem ser monitorizadas e estratégias anestésicas podem ser otimizadas. A utilidade do método é significativa notando-se que é altamente sensível aos efeitos de medicações hipnótico/sedativas, isquemia cerebral e hipotermia. Entretanto, requer a atuação de profissional treinado e dedicado, exclusivamente, para esta área de atuação no centro cirúrgico apoiado na estratificação dos achados neurofisiológicos e na relação com a equipe cirúrgica desde o planejamento até o período pós-operatório imediato. Embora seja limitado por não detectar pequenas alterações embólicas ou em estruturas subcorticais, não há métodos melhores que possam substituí-lo na detecção das isquemias. É possível que as informações fornecidas pelo EEG possam ser complementadas pelo potencial evocado somatossensitivo e pelo Doppler transcraniano.

REFERÊNCIAS BIBLIOGRÁFICAS

1. ACNS. Guideline 3: minimum technical standards for EEG recording in suspected cerebral death. *J Clin Neurophysiol* 2006;23(2):97-104.
2. Alcantara SD, Wuamett JC, Lantis JC 2nd *et al.* Outcomes of combined somatosensory evoked potential, motor evoked potential, and electroencephalography monitoring during carotid endarterectomy. *Ann Vasc Surg* 2014;28(3):665-72.
3. Blume WT, Sharbrough FW. EEG monitoring during carotid endarterectomy and open-heart surgery. In: Niedermeijer E, Lopes Da Silva F (Eds.). *Electroencephalography: basic principles, clinical applications, and related fields,* 5th ed. Philadelphia: Lippincott, Williams and Wilkins; 2005. p. 815-82.
4. Burke D, Nuwer MN, Daube J *et al.* Intraoperative monitoring. In: Deuschl G, Eisen A (Eds.). *Recommendations for the practice of clinical neurophysiology: guidelines of the international federation of clinical neurophysiology.* 2nd ed. Amsterdam: Elsevier; 1999. p. 133-48.
5. Chiappa KH, Burke SR, Young RR. Results of electroencephalographic monitoring during 367 carotid endarterectomies. Use of a dedicated minicomputer. *Stroke* 1979;10(4):381-8.
6. Chiappa KH, Simon MV. EEG monitoring during carotid endarterectomy. In: Simon MV (Ed.). *Intraoperative Neurophysiology.* New York, NY: Demos Medical; 2010. p. 47-94.
7. Florence G, Guerit JM, Gueguen B. Electroencephalography (EEG) and somatosensory evoked potentials (SEP) to prevent cerebral ischemia in the operating room. *Neurophysiol Clin* 2004;34(1):17-32.
8. Galloway GM, Nuwer MR, Lopez JR, Zamel KM. Intraoperative Neurophysiologic Monitoring. Cambridge: Cambridge University Press; 2010.
9. Husain AM (Ed.). *A practical approach to neurophysiologic intraoperative monitoring.* 2nd ed. New York, NY: Demos Medical; 2015.

CAPÍTULO 12 • ELETROENCEFALOGRAFIA

10. Isley MR, Edmonds HL, Stecker M. 2009 Guidelines for intraoperative neuromonitoring using raw (analog or digital waveforms) and quantitative electroencephalography: a position statement by the American Society of Neurophysiological Monitoring. *J Clin Monit Comput* 2009 Dec;23(6):369-90.

11. Jenkins G, Chiappa KH, Young RR. Practical aspects of EEG monitoring during carotid endarterectomies, *Am J EEG Technol* 1983;23:191-203.

12. Kearse LA Jr, Brown EM. McPeck K. Somatosensory evoked potentials sensitivity relative to electroencephalography for cerebral ischemia during carotid endarterectomy. *Stroke* 1992 Apr;23(4):498-505.

13. Laman DM, Wieneke GH, van Dujin H, van Huffelen AC. High embolic rate early after carotid endarterectomy is associated with early cerebrovascular complications, especially in women. *J Vasc Surg* 2002;36(2):278-84.

14. Lopez JR. Intraoperative neurophysiological monitoring. *Int Anestehesiol Clin* 1996;34(4):33-54.

15. Markand ON. Continuous Assessment of Cerebral Function with EEG and Somatosensory Evoked Potential Techniques During Extracranial Vascular Reconstruction. In: Loftus CM (Ed.). *Intraoperative Neuromonitoring.* Nova Iorque: McGraw-Hill Education; 2014. p. 23-46.

16. Modica PA, Tempelhoff R. A comparison of computerized EEG with internal carotid artery stump pressure for detection of ischemia during carotid endarterectomy. *J Neurosurg Anesthesiol* 1989;1(3):211-8.

17. Niedermeyer E, Lopes da Silva F (Eds.). *Electroencephalography: basic principles, clinical applications, and related fields,* 5th ed. Philadelphia: Lippincott, Williams and Wilkins; 2005. p. 815-82.

18. Nuwer MR. Intraoperative electroencephalography. *J Clin Neurophysiol* 1993;10(4):437-44.

19. Simon MV. A comprehensive guide to monitoring and mapping. New York: Demos Medical Publishing; 2010. p. 47-91.

20. Singh R, Husain AM. Electroencephalography. In: Husain AM (Ed.). *A practical approach to neurophysiologic intraoperative monitoring.* 2nd ed. New York, NY: Demos Medical; 2015. p. 111-25.

21. Sloan MA. Prevention of ischemic neurologic injury with intraoperative monitoring of selected cardiovascular and cerebrovascular procedures: roles of eletroencephalography, somatosensory evoked potentials, transcranial Doppler and near-infrared spectroscopy. *Neurol Clin* 2006;24:631-45.

22. Sundt TM, Sharbrough FW, Piepgras DG. Correlation of cerebral blood flow and electroencephalographic changes during carotid endarterectomy. *Mayo Clinic Proceedings* 1981;56:533-43.

23. Tegeler CH, Babikian VL, Gomez CR. *Neurossonology.* Mosby; 1996.

24. Thirumala PD, Thiagarajan K, Gedela S *et al.* Diagnostic accuracy of EEG changes during carotid endarterectomy in predicting perioperative strokes. *J Clin Neurosci* 2016;25:1-9.

25. Trojaborg W, Boysen G. Relation between EEG, regional cerebral blood flow and internal carotid artery pressure during carotid endarterectomy. *Electroencephalography and Clinical Neurophysiology* 1973;34(1):61-9.

26. Van Huffelen AC. Electroencephalography used in monitoring neural function during surgery. In: Nuwer MN (Ed.). Intraoperative monitoring of neural function. Amsterdam: Elsevier; 2008. p. 128-40.

27. Van Putten MJ, Hofmeijer J. EEG monitoring in cerebral ischemia. *J Clin Neurophysiol* 2016;33(3):203-10.

28. Van Putten MJ, Peters JM, Mulder SM *et al.* A brain symmetry index (BSI) for online EEG monitoring in carotid endarterectomy. *Clin Neurophysiol* 2004;115(5):1189-194.

29. Visser GH, Wieneke GH, Van Huffelen AC. Carotid endarterectomy monitoring: patterns of spectral EEG changes due to carotid artery clamping. *Electroencephalogr Clin Nerophysiol* 1999;110:286-94.

30. Woodworth GF, McGirt MJ, Than KD *et al.* Selective versus routine intraoperative shunting during carotid endarterectomy, a multivariant outcome analysis. *Neurosurgery* 2007; 61:1176-77.

31. Zouridakis G. A concise guide to intraoperative monitoring. *Zouridakis Papanicoulau* 2001:70-88.

ELETROCORTICOGRAFIA

CAPÍTULO 13

Marina Koutsodontis Machado Alvim
Ana Carolina Coan
Fernando Cendes

INTRODUÇÃO

Em pacientes com epilepsias refratárias submetidos ao tratamento cirúrgico para controle de crises, o exame neurofisiológico mais utilizado para tentar definir a zona epileptogênica (definida como a mínima área de córtex que deve ser ressecada a fim de se obter controle completo das crises) é o eletroencefalograma (EEG).[1] O EEG registra descargas elétricas epileptiformes interictais, ou mesmo ictais, especialmente quando realizado em monitorizações mais prolongadas. A região responsável pela geração de descargas epileptiformes captadas no EEG de escalpo é chamada de zona irritativa, que costuma ser próxima e mais ampla que a zona epileptogênica. A atividade elétrica cerebral captada no exame de EEG de escalpo sofre influência das meninges, calota craniana, couro cabeludo, dissipando-se e, dessa forma, reduzindo a sensibilidade do exame para definir a exata localização da zona epileptogênica. Assim, para tentar uma melhor definição da zona epileptogênica, uma alternativa é captar o sinal eletroencefalográfico diretamente do córtex cerebral, o que é chamado de eletrocorticografia (ECoG).[2] A monitorização com ECoG pode ser feita de maneira intraoperatória, quando a região de interesse já está exposta e um "mapeamento" da atividade epileptiforme é realizado durante o procedimento cirúrgico, ou extraoperatória, quando os eletrodos corticais são implantados num primeiro momento e a monitorização realizada em um ambiente extraoperatório por período prolongado (de dias a semanas), sendo a ressecção cirúrgica programada para um segundo momento. Nesse capítulo daremos ênfase apenas à monitorização intraoperatória.

HISTÓRICO

A ECoG foi a primeira técnica neurofisiológica intraoperatória utilizada.[3] Fritsch e Hitzig foram os primeiros a estimular diretamente o córtex cerebral em pacientes submetidos à cirurgia e gerar crises, em 1870.[4] Foerster e Altenburger relataram o primeiro registro de atividade elétrica cerebral proveniente da pia-máter em 1934,[5] e na década de 50, Peinfield e Jasper melhoraram as técnicas e descreveram as atividades registradas durante a eletrocorticografia.[4]

ELETROCORTICOGRAFIA INTRAOPERATÓRIA

O objetivo da ECoG intraoperatória é tentar avaliar, de maneira mais precisa, os limites da zona epileptogênica e guiar a extensão da ressecção.[6] Os dados obtidos com a ECoG, associados à semiologia das crises e exames de neuroimagem realizados durante a investigação pré-operatória, também associados à informação sobre a possível etiologia e a área da lesão, auxiliam a decisão sobre o tipo e extensão da ressecção a ser realizada, o que pode variar de acordo com os centros.[7,8] A decisão é realizada no momento da cirurgia e, por isso, a equipe cirúrgica e de neurofisiologistas deve ser experiente e ter conhecimento completo do caso.

A atividade captada durante a ECoG intraoperatória costuma ser composta por descargas interictais, uma vez que o tempo de monitorização é curto e raramente são observadas atividades ictais. Quando o paciente apresenta atividade epileptiforme muito esporádica, algumas equipes optam por realizar estimulação cortical para geração de descargas epileptiformes. Porém, por vezes podem gerar respostas como crises eletrográficas. Nesses casos, provavelmente houve a propagação da atividade para outras áreas corticais, podendo não estar localizadas apenas na zona epileptogênica.[3,6]

Durante a cirurgia, além da avaliação da área responsável pela geração de crises, muitas vezes é necessário avaliar áreas eloquentes próximas para poder realizar a ressecção de maneira segura, sem riscos do paciente ficar com déficits funcionais após a cirurgia. Dessa maneira, o mapeamento das áreas funcionais por estimulação cortical direta é necessário. É importante ressaltar que as técnicas para a monitorização intraoperatória podem variar entre os serviços e nas descrições de literatura.

TÉCNICA

Equipe

Para a realização da ECoG intraoperatória, a clara e constante comunicação entre o neurofisiologista e a equipe de neurocirurgiões é essencial.[8] Para isso é necessário que todo o equipamento esteja na sala cirúrgica ou, idealmente, em uma sala anexa, com fácil comunicação e visualização da cirurgia e equipe.[5,6,8]

O neurofisiologista deve ser experiente e estar preparado para a rápida e eficiente análise, interpretação do traçado e comunicação dos achados à equipe de cirurgiões.

Planejamento Cirúrgico

O planejamento deve ser realizado pelo neurofisiologista junto com as equipes clínica e cirúrgica que acompanham o paciente. Os dados clínicos do paciente, e de toda a investigação pré-operatória, devem ser considerados. Além disso, os dados dos exames de neuroimagem estruturais e funcionais (RM funcional de linguagem e motora, por exemplo) podem ser reunidos no neuronavegador para que o procedimento seja ainda mais preciso.

Eletrodos

Historicamente, diversos tipos de eletrodos foram utilizados. Atualmente os eletrodos disponíveis são os mesmos usados para monitorização intra e extraoperatória. Os eletrodos são formados por pequenos discos, de cerca de 5 mm, de platina, prata ou aço inoxidável, uniformemente espaçados (cerca de 1 cm de distância), envoltos por uma faixa de silicone plástico flexível formando uma matriz (Fig. 13-1).

Cada eletrodo está conectado a um fio do mesmo material que juntos formam uma extensão que irá se ligar ao conector. O conector contém os cabos que serão, por sua vez,

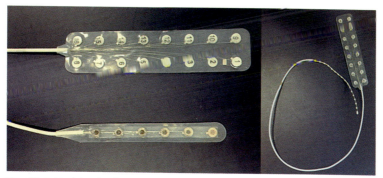

Fig. 13-1. Modelos de eletrodos utilizados na eletrocorticografia: 1 × 6 e 2 × 8.

plugados na caixa de conectores do aparelho de EEG. O tamanho dos eletrodos pode variar de matrizes (ou "*grids*") de 1 × 6 até 8 × 8, sendo que as maiores são mais utilizadas para a monitorização extraoperatória, e as menores, de mais fácil manejo, são utilizados na ECoG intraoperatória.

As desvantagens desse tipo de eletrodo é que regiões corticais profundas não são acessíveis e a atividade epileptiforme dessas regiões pode ser captada apenas após propagação para áreas corticais mais próximas à superfície. O tamanho normalmente é padronizado e, por vezes, de difícil colocação, dependendo da superfície cortical exposta. Além disso, por vezes acabam sendo colocados sobre vasos sanguíneos ou transpassando sulcos.[2]

Filtros e Sensibilidade

Esses parâmetros podem ser modificados ao longo da monitorização com os aparelhos digitais. Normalmente a faixa de frequência deve estar entre 0,5 e 70 Hz.[3,6] A sensibilidade costuma ser usada entre 10 a 50 μV/mm, pois a atividade cortical captada na ECoG é 2 a 60 vezes maior do que a captada no EEG de escalpo.[3,6]

Montagens

As montagens também podem ser alternadas durante o procedimento. Uma vez que o objetivo principal é a localização da atividade epileptiforme, as montagens bipolares com a comparação entre os eletrodos em ordem é a mais utilizada. Quando utilizada a montagem referencial, o eletrodo de referência pode ser posicionado em diversas localizações, como mastoide, região cervical ou *flap* ósseo.[3,8]

Craniotomia

A craniotomia para o adequado posicionamento dos eletrodos deve ser planejada em conjunto com as equipes da neurocirurgia e neurofisiologia, de acordo com a investigação pré-operatória e a provável região da zona epileptogênica.

Para a correta avaliação é necessária a exposição da área suspeita e das regiões adjacentes, inclusive de outros lobos, quando necessário e, por isso, uma craniotomia ampla deve ser realizada. Normalmente a incisão é em forma de C e o *flap* ósseo deslocado, com cuidado especial para a vascularização do *flap*.[5]

Colocação dos Eletrodos

Os eletrodos devem estar dispostos inicialmente na região mais suspeita de ser a zona epileptogênica e a atividade deve ser registrada. Após o registro, os eletrodos podem ser realocados de diversas maneiras e posições para que toda a região seja avaliada, incluindo regiões adjacentes para definição dos limites da ressecção. Em algumas situações, o *grid* pode ser cortado e modelado de maneira a se obter melhor contato com a superfície e, não raro, deve-se desconsiderar os eletrodos que não estão em contato com a superfície.[5] É interessante fotografar o posicionamento dos eletrodos para a realização de laudo após. Exemplo pode ser visto na Figura 13-2. Após a ressecção, as áreas mais mesiais ou de mais difícil acesso, anteriormente, devem ser novamente avaliadas.[6]

Durante a colocação dos eletrodos, é importante manter irrigação constante com solução salina da placa e da superfície cerebral para reduzir os atritos e facilitar o posicionamento desta e o bom contato dos eletrodos com o córtex.[5]

Eletrodos profundos associados aos *grids* podem ser utilizados para monitorizar estruturas mesiais,[8] e o neuronavegador pode ser utilizado para a colocação destes.[5] Porém, essa utilização é mais comum em monitorizações extraoperatórias, uma vez que a colocação traumática gera diversos artefatos e pode gerar atividade epileptiforme distinta da zona epileptogênica.[2]

A monitorização costuma demorar de 10 a 30 minutos, por vezes mais longas nos pacientes com atividade mais esporádica ou quando a monitorização é feita com o paciente

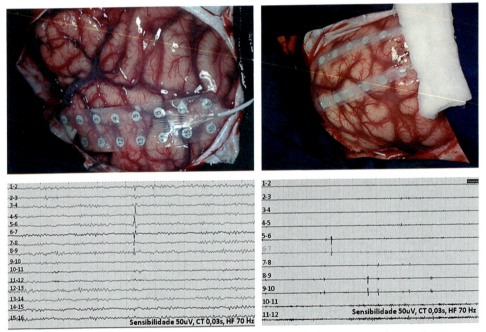

Fig. 13-2. (a) Eletrocorticografia de ressecção cirúrgica de displasia de lobo temporal esquerdo. O traçado revela atividade epileptiforme em eletrodos 4, 5, 7 e 8. Aparente comprometimento de giro temporal superior. (b) Eletrocorticografia de ressecção cirúrgica de displasia de lobo frontal esquerdo. O traçado revela atividade epileptiforme em eletrodos 6 e 9. Eletrodos 11 e 12 com aparente artefato.

CAPÍTULO 13 • ELETROCORTICOGRAFIA

acordado.[2,6,8] A duração total da monitorização, incluindo a estimulação elétrica e o mapeamento cerebral de áreas eloquentes, além da pré e pós-ressecção, costumar variar entre 1 a 2 horas.[6]

INTERPRETAÇÃO

A atividade elétrica cerebral captada na ECoG possui algumas diferenças em relação ao EEG de escalpo, uma vez que não existem diversas barreiras, como meninge e calota craniana, para a captação do sinal.[6] Assim, ritmos fisiológicos, como ritmo mu ou mesmo o ritmo alfa, apresentam caráter mais espiculado, o que deve ser cuidadosamente analisado pelo neurofisiologista.[6] A atividade de base nas áreas corticais comprometidas, pode estar lentificada, além de apresentar as descargas epileptiformes.[3]

A atividade interictal observada durante a ECoG auxilia a avaliação da localização e extensão da zona epileptogênica, porém deve-se ter cautela com a atividade captada, uma vez que não é possível distinguir a atividade advinda diretamente da zona epileptogênica ou de propagação de zonas mais distantes. Além disso, há influência das medicações anestésicas utilizadas, do estado de coma, sono e vigília.[6]

Descargas epileptiformes rítmicas observadas em eletrocorticografia, que costumam se apresentar de maneira muito frequente ou até contínua durante a monitorização, foram descritas em paciente com displasias corticais focais. A ressecção de toda a área cortical com tal alteração eletrográfica parece estar relacionada com melhor prognóstico de controle de crises no pós-operatório.[9] Atividade delta rítmica é de difícil interpretação, pois pode ser confundida com atividade secundária ao trauma cirúrgico, pontes salinas ou mesmo a patologia preexistente.[6,10]

Na monitorização pós-ressecção, a interpretação das descargas deve ser feita ainda com mais cautela, uma vez que a atividade espicular pode ser apenas secundária ao trauma da cirurgia. Atividade espicular em regiões mais distantes da ressecção são mais preocupantes.[3] Diversos estudos questionam o real valor de monitorizar a atividade após a ressecção.[10] Em nosso serviço, costumamos avaliar as áreas mais profundas após a ressecção quando há dúvida quanto a extensão da ressecção, sempre considerando com cautela a origem da atividade.

Artefatos comuns por mau contato, pulsação, movimento, solução salina e uso de eletrocautério costumam ser facilmente reconhecidos.[6]

ANESTESIA

Praticamente todos os agentes anestésicos podem influenciar na atividade captada na ECoG,[2] tanto aumentando como diminuindo a atividade epileptiforme. Além disso, podem gerar ondas lentas difusas no traçado, ou desencadear atividade rápida de baixa amplitude.[3] As anestesias mais profundas têm maior influência, reduzindo as descargas epileptiformes e, por isso, idealmente, as cirurgias deveriam ocorrer com pacientes acordados e anestesia local. Entretanto, nem todos os pacientes são capazes de colaborar e o procedimento é contraindicado em casos com risco de hipoventilação, como obesos ou que tenham síndrome de apneia e hipopneia obstrutivas do sono.[2] Dessa maneira a cirurgia com paciente acordado é realizada apenas nos casos em que há necessidade de mapeamento de áreas eloquentes, como a da linguagem. Mesmo quando a cirurgia não é feita com o paciente acordado, uma anestesia local mais intensa pode resultar em redução da dose necessária de outros anestésicos e, assim, ajudar na ECoG.

O fármaco anestésico utilizado pode aumentar a quantidade de descargas epileptiformes interictais em alguns casos. Alguns dos anestésicos que, em doses adequadas, podem ser utilizados para esse fim são o tiopental, etomidato e propofol. Porém, com os anestésicos, pode haver descargas mais difusas ou com falsa localização. Observa-se que algumas vezes as descargas iniciais, logo após a infusão da medicação, e as finais, quando o efeito já está reduzido, estão confinadas a uma determinada região que provavelmente corresponde à zona epileptogênica.[11] Uma vez que não há estudos inequívocos sobre a distribuição das descargas induzidas pelas drogas anestésicas, esse método de ativação deve ser utilizado com cautela.[6,8,10]

O propofol é particularmente utilizado em cirurgias de epilepsia em que é necessário que o paciente acorde durante o procedimento, uma vez que este anestésico apresenta uma meia-vida curta.[2,3,6] Por outro lado, em altas doses, esse anestésico promove supressão do EEG; em doses controladas não causa esse efeito e ainda, em alguns pacientes pode aumentar a produção de descargas.[2,6,12]

Os agentes inalatórios, como isofluranos, halotano e sevoflurano, são anestésicos e sedativos. Eles podem gerar atividade rítmica na frequência alfa em regiões frontocentrais, que costumam ser abolidas com óxido nítrico.[3] Sevoflurano, na dose de até 1,5 CAM (concentração alveolar mínima), isoflurano na dose de 0,5 CAM e óxido nítrico parecem não influenciar na ECoG.[5,8] Em doses mais altas podem gerar atividade epileptiforme ou até mesmo crises eletrográficas.[3]

Barbitúricos produzem atividade rápida e podem dificultar a interpretação do traçado. Já em doses baixas podem gerar atividade epileptiforme.[3] Benzodiazepínicos geram atividade rápida (na frequência beta) em regiões frontais, e, em altas doses, lentificação difusa, além de suprimir a atividade epileptiforme, e por isso devem ser evitados.[3]

Quando realizada estimulação cortical para mapeamento de áreas motoras, bloqueadores neuromusculares não devem ser utilizados.[3,8]

UTILIZAÇÃO DA ECOG NOS DIFERENTES TIPOS DE CIRURGIA

Epilepsia de Lobo Temporal Lesional

Nas epilepsias do lobo temporal com atrofia hipocampal, não há clara indicação para realização de ECoG nas cirurgias de tonsilo-hipocampectomia ou lobectomia temporal padrão. Não há diferença de prognóstico cirúrgico entre os pacientes com epilepsia temporal que apresentam ou não atividade epileptiforme residual captada pela ECoG ou entre os pacientes com e sem monitorização intraoperatória.[13,14]

Após a remoção das estruturas mesiais temporais com permanência do córtex temporal lateral (na tonsilo-hipocampectomia seletiva ou corticectomia temporal anterior com remoção da porção posterior do hipocampo), observa-se aumento da atividade epileptiforme temporal neocortical com um padrão de espículas e poliespículas repetitivas de alta amplitude, separadas por uma atenuação da atividade de base, originalmente descrito por Niemeyer e confirmado posteriormente.[15,16] Este achado, no entanto, não tem relação com o resultado cirúrgico.[16] Niemeyer descreveu que a ECoG, surpreendentemente, piorou após a tonsilo-hipocampectomia seletiva, mas nos primeiros EEGs pós-operatório do couro cabeludo esta anormalidade desapareceu.[15] Uma possível explicação para este fenômeno é a desconexão aguda de fibras entre o córtex lateral e as estruturas mesiais, especialmente a amígdala. Este tipo de atividade de surto-supressão foi descrito em registros de córtex frontal isolado das estruturas subcorticais.[17,18-20]

Nos pacientes com dupla patologia, em que há displasia cortical focal associada à atrofia hipocampal, alguns autores acreditam que a monitorização pode trazer benefícios na ressecção do córtex displásico.[2] Nas cirurgias com outros tipos de lesão neocortical, como tumores e displasias corticais focais, a monitorização auxilia na definição da área e da extensão de ressecção.

Epilepsia de Lobo Temporal não Lesional

Nos casos de epilepsia de lobo temporal não lesional, ou seja, pacientes com semiologia típica, exames de investigação como EEG e PET-TC demonstrando patologia em lobo temporal, porém, sem uma lesão bem definida na RM, estes podem se beneficiar da monitorização. A ressecção completa da região com descargas epileptiformes identificadas na ECoG nesses pacientes está relacionada com melhor prognóstico de controle de crises no pós-operatório.[21]

Esses pacientes costumam ser submetidos à implantação de eletrodos profundos ou ECoG extraoperatório com a implantação de *grids* para determinar a região epileptogênica.[2,21] Um estudo realizado por Luthers, demonstra que em casos selecionados, a utilização da ECoG intraoperatória auxilia na definição da origem de crises em região mesial do lobo temporal, permitindo a lobectomia temporal anteromesial sem a necessidade de implantação de eletrodos profundos. E se, durante o procedimento, for identificada atividade epileptiforme não mesial, os eletrodos profundos são recomendados.[21]

Epilepsia Extratemporal Lesional

Nos pacientes com epilepsia neocortical extratemporal, a ECoG é de extrema importância na definição da área e extensão da ressecção, principalmente no caso das displasias corticais focais,[9] e a ECoG mostrou-se benéfica, apesar de que estudos controlados e prospectivos ainda são necessários.[8] Deve-se ter atenção, pois as descargas epileptiformes avaliadas na ECoG das cirurgias extratemporais costumam ser mais difusas do que nas cirurgias temporais. Nas cirurgias de região frontal, pode-se observar atividade bilateral, multilobar e até difusa, assim como nas epilepsias com crises de início em região centroparietal. Já nos casos de atividade occipital, a distribuição ocorre para regiões parietal e temporal posterior.[6]

Estudos demonstraram que a lesionectomia associada à ressecção da zona irritativa adjacente definida pela ECoG intraoperatória parece ter melhores resultados do que apenas lesionectomia.[2,9,12,22] Em pacientes com displasia cortical focal, acredita-se que a região com alterações histopatológicas é mais extensa do que a área lesional visualizada na RM.[23]

A eletrocorticografia não parece trazer benefícios para cirurgias de hemisferectomia e calosotomia.[6]

Extratemporal não Lesional

Os casos de epilepsia extratemporal não lesional são associados a piores prognósticos cirúrgicos em relação ao controle de crises. Esses pacientes devem ser submetidos à implantação de *grids* e/ou eletrodos profundos para monitorização extraoperatória, além de avaliação não invasiva que pode incluir vídeo-EEG, PET-TC e SPECT ictal, entre outros exames.[2,24] Durante a ECoG intraoperatória, achado de atividade epileptiforme rítmica contínua sugere a presença de displasia cortical focal,[9] mesmo que não visível à RM. Nesses casos, a monitorização intraoperatória com ECoG pode auxiliar na decisão da área e extensão da ressecção, sendo também associada a melhor prognóstico.[2,12,24,25]

Cirurgias de Tumores

Nos casos dos tumores, a necessidade de ECoG intraoperatória é bastante discutida. Estudos demonstraram que a ressecção da lesão tumoral completa é o fator mais associado a melhor prognóstico e a realização da monitorização intraoperatória, não seria essencial em todos os casos.[26] Porém, aparentemente, nem sempre a zona epileptogênica é a lesão tumoral e os mecanismos epileptogênicos dos tumores não são bem conhecidos.[27] Dessa forma, ressecção mais extensa nos casos dos tumores é recomendada e a ECoG traria maiores informações e auxiliaria na decisão cirúrgica.[22,28,29]

COMPLICAÇÕES

A morbidade pós-cirúrgica (sobretudo infecções) é maior com monitorizações mais prolongadas, com maior exposição cortical, e mesmo não havendo estudos sobre isso, não se recomenda monitorização por mais de 90 minutos.[6] Além disso, quando é realizada a estimulação cortical existe o risco de se desencadear crises clínicas, inclusive crises tônico-clônicas generalizadas, e consequente edema cerebral.[6] O risco de infecção ou hemorragia com colocação de eletrodos subdurais é cerca de 1%.[10]

CONCLUSÃO

A ECoG é extremamente útil e necessária para a realização de cirurgias ressectivas de diversos tipos de epilepsias focais. O procedimento deve ser feito com o máximo de informações possíveis da investigação pré-operatória para melhor conhecimento do caso, dos reais objetivos da monitorização e eficiência na interpretação dos achados e decisões de conduta, garantindo, assim, melhor prognóstico de controle de crises no pós-operatório.

REFERÊNCIAS BIBLIOGRÁFICAS

1. Rosenow F, Lüders H. Presurgical evaluation of epilepsy. *Brain* 2001 Sep;124(Pt 9):1683-700.
2. Yang T, Hakimian S, Schwartz TH. Intraoperative ElectroCorticoGraphy (ECog): indications, techniques, and utility in epilepsy surgery. *Epileptic Disord* 2014 Sep;16(3):271-9.
3. Nuwer MR. Electrocorticography. In: Schomer DL (Ed.). *Niedermeyer's electroencephalography: basic principles, clinical applications, and related fields.* 6th ed. Philadelphia: Lippincott Williams & Wilkins; 2010. v. 1. c. 34
4. Penfield W, Jasper H. *Epilepsy and the functional anatomy of the human brain.* Boston: Little, Brown and Company; 1954.
5. Voorhies JM, Cohen-Gadol A. Techniques for placement of grid and strip electrodes for intracranial epilepsy surgery monitoring: pearls and pitfalls. *Surg Neurol Int* 2013;4:98.
6. Chatrian MDHG-E. Intraoperative electrocorticography. In: Engel JTAP (Ed.). *Epilepsy: a comprehensive text book.* Philadelphia: Lippincott Williams; 2008. c. 172. v. 2. p. 1817-32.
7. Yang PF *et al.* Long-term epilepsy surgery outcomes in patients with PET-positive, MRI-negative temporal lobe epilepsy. *Epilepsy Behav* 2014 Dec;41:91-7.
8. Keene DL, Whiting S, Ventureyra EC. Electrocorticography. *Epileptic Disord* 2000 Mar;2(1):57-63.
9. Palmini AGA, Andermann F, Dubeau F *et al.* Intrinsic epileptogenicity of human dysplastic cortex as suggested by corticography and surgical results. *Ann Neurol* 1995;37(4):476-87.
10. William O, Tatum I, Vale FL, Anthony KU. Epilepsy surgery. In: Husain AM (Ed.). *A practical approach to neurophysiologic intraoperative monitoring.* Durham, North Carolina: Demos Medical Publishing; 2008.
11. Ojemann GA, Bookheimer SY. Intraoperative functional mapping. In: Engel Jr JE, Pedley TA (Eds.). Epilepsy: a comprehensive text book. Philadelphia: Lippincott Williams; 2008. v. 2.

CAPÍTULO 13 ▪ ELETROCORTICOGRAFIA

12. Greiner HM, Horn PS, Tenney JR *et al*. Preresection intraoperative electrocorticography (ECoG) abnormalities predict seizure-onset zone and outcome in pediatric epilepsy surgery. *Epilepsia* 2016 Apr;57(4):582-9.
13. San-Juan D, Tapia CA, González-Aragón MF *et al*. The prognostic role of electrocorticography in tailored temporal lobe surgery *Seizure* 2011 Sep;20(7):564-9.
14. Kuruvilla A, Flink R. Intraoperative electrocorticography in epilepsy surgery: useful or not? *Seizure* 2003;12(8):577-84.
15. Niemeyer P. The transventricular amygdala-hippocampectomy in temporal lobe epilepsy. In: Bailey M. BAP (Ed.). *Temporal lobe epilepsy*. Springfield, IL: Charles C Thomas; 1958. p. 461-82.
16. Cendes F *et al*. Increased neocortical spiking and surgical outcome after selective amygdalo-hippocampectomy. *Epilepsy Res* 1993 Dec 16;3:195-206.
17. Echlin FA, Arnett V, Zoll J. Paroxysmal high voltage discharges from isolated and partially isolated human and animal cerebral cortex. *Electroencephalogr Clin Neurophysiol* 1952 May;4(2):147-64.
18. Henry CE, Scoville WB. Suppression-burst activity from isolated cerebral cortex in man. *Electroencephalogr Clin Neurophysiol* 1952 Feb;4(1):1-22.
19. Burkholder DB, Sulc V, Hoffman EM *et al*. Interictal scalp electroencephalography and intraoperative electrocorticography in magnetic resonance imaging-negative temporal lobe epilepsy surgery. *JAMA Neurol* 2014 June;71(6):702-9.
20. Goncharova II, Zaveri HP, Duckrow RB *et al*. Spatial distribution of intracranially recorded spikes in medial and lateral temporal epilepsies. *Epilepsia* 2009 Dec;50(12):2575-85.
21. Luther N, Rubens E, Sethi N *et al*. The value of intraoperative electrocorticography in surgical decision making for temporal lobe epilepsy with normal MRI. *Epilepsia* 2011 May;52(5):941-8.
22. Tripathi M *et al*. Intra-operative electrocorticography in lesional epilepsy. *Epilepsy Res* 2010 Mar;89(1):133-41.
23. Sisodiya SM, Fauser S, Cross JH, Thom M. Focal cortical dysplasia type II: biological features and clinical perspectives. *Lancet Neurol* 2009 Sep;8(9):830-43.
24. Jayakar P, Dunoyer C, Dean P *et al*. Epilepsy surgery in patients with normal or nonfocal MRI scans: integrative strategies offer long-term seizure relief. *Epilepsia* 2008 May;49(5):758-64.
25. Berger MS, Ghatan S, Haglund MM *et al*. Low-grade gliomas associated with intractable epilepsy: seizure outcome utilizing electrocorticography during tumor resection. *J Neurosurg* 1993 July;79(1):62-9.
26. Englot DJ *et al*. Factors associated with seizure freedom in the surgical resection of glioneuronal tumors. *Epilepsia* 2012 Jan;53(1):51-7.
27. Loiacono G, Cirillo C, Chiarelli F, Verotti A. Focal epilepsy associated with glioneuronal tumors. *ISRN Neurol* 2011;2011:867503.
28. Giulioni M, Rubboli G, Marucci G *et al*. Seizure outcome of epilepsy surgery in focal epilepsies associated with temporomesial glioneuronal tumors: lesionectomy compared with tailored resection. *J Neurosurg* 2009 Dec;111(6):1275-82.
29. Qiu B, Ou S, Song T *et al*. Intraoperative electrocorticography-guided microsurgical management for patients with onset of supratentorial neoplasms manifesting as epilepsy: a review of 65 cases. *Epileptic Disord* 2014 June;16(2):175-84.

DOPPLER TRANSCRANIANO E MICROVASCULAR

CAPÍTULO 14

Ana Lucila Moreira

O ultrassom pode ser utilizado para avaliação da circulação arterial intra e extracranianas, por meio das técnicas de Doppler cego, *power* Doppler e color Doppler (esses dois últimos são recursos adicionais ao ultrassom modo B). O intuito deste capítulo é esclarecer como funciona a técnica de Doppler Transcraniano e de Doppler microvascular, técnicas mais utilizadas na monitorização de algumas cirurgias como endarterectomia de carótida, cirurgias cardíacas e de aorta, e cirurgias de aneurismas cerebrais, por exemplo.

O Doppler transcraniano foi descrito por Rune Aaslid em 1982 e ganhou crescente espaço na prática clínica em função da portabilidade, rapidez, baixo custo, ausência de radiação ionizante e de contrastes iodados, e possibilidade de repetição sem contraindicações. O desenvolvimento de *softwares* com funcionalidades (monitorização contínua, por exemplo) e de *probes* menores e de melhor qualidade, além do desenvolvimento dos *probes* microvasculares, tornou o método cada vez mais difundido na prática neurológica.

FÍSICA DO DOPPLER

Uma onda sonora é produzida a partir da vibração de uma fonte com uma frequência f que causa aumentos e diminuições locais da pressão no meio de propagação (em relação à pressão de repouso), chamados de compressões (aumentos de pressão) e rarefações (diminuições de pressão). As compressões e rarefações se propagam como uma onda longitudinal pelo meio (Fig. 14-1).

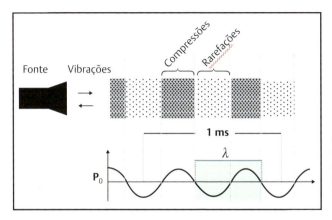

Fig. 14-1. Onda sonora. A fonte vibra com frequência de 2 KHz – na parte superior, observe as compressões e rarefações no ar, e na parte inferior observe o gráfico de variação de pressão em relação à pressão de repouso (P_0).

Quadro 14-2. Ângulos e Velocidades Relativas

Ângulo de insonação ϕ	Velocidade relativa medida
0°	1,00 × Veloc. Real (V)
30°	0,87 × Veloc. Real (V)
60°	0,50 × Veloc. Real (V)
90°	**0 × Veloc. Real (V)**

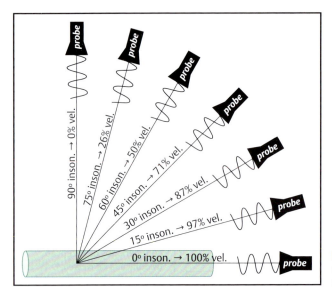

Fig. 14-4. Ângulos de insonação e porcentagem de acurácia da medida de velocidade.

pelo DTC como um espectro de várias frequências diferentes. Utilizando uma técnica denominada análise espectral, as velocidades destas ondas são agrupadas de acordo com sua "força" dentro do espectro, e o *software* traduz esses dados em ondas coloridas de distribuição espacial destas velocidades pelo lúmen vascular. A maioria da amostra geralmente se encontra na parte superior do espectro, com as mais altas velocidades (centro do lúmen vascular).

O registro pode ser feito com um "envelope" da margem superior do espectro (Fig. 14-5), que corresponde à faixa de maior velocidade registrada (centro do lúmen vascular). Este envelope pode ser considerado como equivalente à velocidade de fluxo, uma vez que, como o fluxo é quase sempre laminar nestas artérias, há estreita correlação entre a velocidade máxima aferida e a velocidade média de fluxo sanguíneo.

Na tela do equipamento/*laptop* são mostradas as informações sobre o fluxo aferido: no eixo horizontal o tempo em segundos e no eixo vertical a velocidade média de fluxo (em cm/s ou KHz). A distância de um ponto ao eixo horizontal corresponde à velocidade das partículas responsáveis pelo eco que deu origem a este ponto, e a intensidade (brilho) relativa dos pontos em relação à reta vertical está associada à quantidade relativa de partículas dentro do volume de amostragem, movendo-se com a velocidade correspondente

CAPÍTULO 14 ▪ DOPPLER TRANSCRANIANO E MICROVASCULAR 195

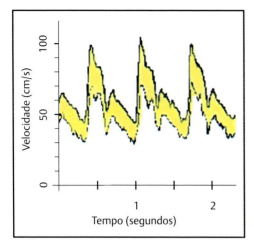

Fig. 14-5. Envelope do espectro de ondas registradas.

(fluxo por velocidade). Em alguns equipamentos utiliza-se uma escala de cores, onde cada tonalidade corresponde a uma variação de velocidade diferente, em substituição à variação da intensidade do ponto.

TÉCNICA DE INSONAÇÃO

Para insonação das artérias da base do crânio é necessário que a onda de ultrassom "penetre" no crânio, e para isso são utilizadas as "janelas acústicas", que são partes mais finas do crânio. As artérias extracranianas são insonadas pela janela submandibular (Fig. 14-6).

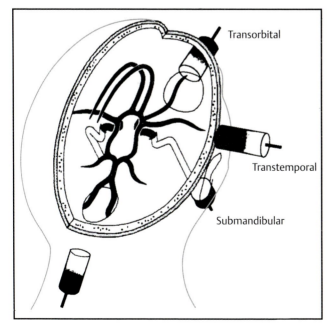

Fig. 14-6. Janelas acústicas – DTC. (Modificada de: Newell D.W. Em: Transcranial Doppler.)

IDENTIFICAÇÃO DOS VASOS

Há seis critérios para identificação dos vasos insonados (quanto maior o número de critérios, mais confiável a identificação):

1. Janela utilizada.
2. Profundidade da amostra selecionada – em milímetros, a profundidade representa a distância entre a extremidade do transdutor que toca a pele do paciente e a artéria visualizada. Obs.: uma ou mais artérias podem ser visualizadas em uma mesma amostra.
3. Direção do fluxo – em relação ao transdutor (no modo M – vermelho = fluxo em direção ao transdutor; azul = fluxo no sentido contrário ao transdutor).
4. Relação espacial do vaso em estudo com a bifurcação da ACI em ACA e ACM (marco de estudo importante no DTC).
5. Velocidade de fluxo relativa – em situações normais, a velocidade de fluxo segue uma ordem de magnitude sendo: ACM > ACA > ACP = AB = AV). Este parâmetro não é útil em situações patológicas, especialmente naquelas em que há fluxo colateral.
6. Resposta a manobras - a primeira manobra que pode ser utilizada é a compressão carotídea (a. carótida comum) no pescoço, por até quatro ciclos cardíacos, e causa imediata redução de fluxo nos seus ramos intracranianos ipsolaterais. Critérios positivos de identificação incluem redução, obliteração completa, reversão do fluxo ou desenvolvimento de fluxo alternante na artéria examinada. A magnitude e o padrão da resposta dependerão do vaso insonado e da capacidade de circulação colateral do paciente. Entretanto, esta manobra não pode ser utilizada nos pacientes em que não se conhece a situação da artéria carótida (possibilidade de estenoses, oclusões, ateromas e complicações causadas pela manobra). A segunda manobra que pode ser utilizada é somente a aplicação intermitente de pressão sobre a artéria carótida comum, provocando oscilações no fluxo obtido ao TCD. E a terceira manobra é o teste de fechamento e abertura ocular, para confirmação de estudo da artéria cerebral posterior (velocidade média de fluxo aumenta na ACP com a abertura ocular em ambiente iluminado, após um período com olhos fechados).

Registro das ondas: após exploração das janelas acústicas transtemporais, o registro se inicia com a estabilização do sinal encontrado. São realizados vários registros para análise posterior, que priorizará, sempre, as maiores velocidades encontradas (com provável menor ângulo de registro das ondas: após exploração das janelas acústicas transtemporais, o registro se inicia com a estabilização do sinal encontrado.

BIBLIOGRAFIA

Aaslid R. Developments and principles of Transcranial Doppler. In: Newell DW, Aaslid R. *Transcranial Doppler.* New York: Raven Press; 1992. p. 1-8.

Aaslid R. Cerebral hemodynamics. In: Newell DW, Aaslid R. *Transcranial Doppler.* New York: Raven Press; 1992. p. 49-55.

Bartels E. *Color-coded duplex ultrasonography of the cerebral vessels.* Stuttgart: Schattauer; 1999.

TÉCNICAS ESPECIAIS DE MNIO ESPINAL SACRAL

CAPÍTULO 15

Lucas Excel Nunes de Prince
Paulo André Teixeira Kimaid

A Monitorização Neurofisiológica Intraoperatória (MNIO) da região mais inferior do sistema nervoso central conta com técnica não discutida nos capítulos anteriores. O cone medular e a cauda equina podem demandar o uso destas técnicas que, embora bastante consistentes e reprodutíveis, ainda carecem de estudos para comprovação de sua eficácia. Especialmente nas neurocirurgias pediátricas responsáveis pelas correções dos defeitos congênitos da neurulação que resultam nos disrafismos, mas também nos pacientes com tumores intradurais do cone e da cauda equina que independem da idade, acreditamos que o uso dessas técnicas neurofisiológicas durante os procedimentos cirúrgicos podem acrescentar informações do estado funcional dessas estruturas, o que pode ser determinante em muitos casos. Numa retirada difícil de um tumor de cauda equina bastante aderido, com muita manipulação, mas com função esfincteriana mostrando-se preservada através de um reflexo neurofisiológico normal, o cirurgião pode decidir seguir adiante na intervenção para que seja ressecado todo o tumor. Na clínica ambulatorial, o uso destes recursos também é utilizado na avaliação da impotência e da incontinência de origem neurológica.[1] As técnicas utilizadas rotineiramente para a MNIO dos segmentos sacrais já foram abordadas no capítulo de eletromiografia: eletromiografia contínua (EMGc) dos músculos do esfíncter anal externo (S3-5) e dos membros inferiores (S1-2), EMG estimulada (EMGe) das raízes e demais estruturas, neurais ou não, para verificar a existência de tecido neural viável. A captação é feita nos mesmos músculos anteriormente descritos, e a estimulação é realizada por meio de uma sonda estimuladora que aplica pulsos elétricos únicos. Como dissemos, em nosso serviço utilizamos outras técnicas eletrofisiológicas que, em nossa experiência, podem trazer informações valiosas sobre a integridade das estruturais da medula espinal distal.

POTENCIAIS EVOCADOS DO NERVO PUDENDO (GENITOCORTICAIS)

Essa técnica nada mais é que um potencial evocado somatossensitivo obtido através da estimulação do nervo pudendo. Ela também permite a avaliação de toda a via sensitiva (tato e propriocepção) desde a periferia até o córtex sensitivo primário, com a vantagem de avaliar a porção mais distal da medula espinal, o que não é possível com o estudo dos MMII. Isso é particularmente importante nas cirurgias da aorta abdominal e das ilíacas, onde é possível ocorrer a isquemia de um membro inferior ou de ambos, ocasionando a perda dos PESS de um ou ambos os MMII, mas preservando o genitocortical (Fig. 15-1). A integridade das respostas genitocorticais, neste caso, assegura que não se trata de isquemia medular.

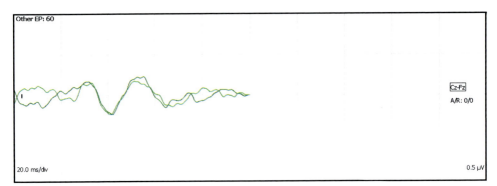

Fig. 15-1. Potencial evocado genitocortical obtido durante cirurgia para retirada de tumor na cauda equina.

Em nosso laboratório, utilizamos a técnica descrita por Haldeman.[2] A estimulação é feita no nervo dorsal do pênis ou do clitóris, ramo do nervo pudendo. Os potenciais são registrados, em nível das apófises espinhosas das vértebras de L1 e/ou L3, e ao nível cortical na linha média, 2 cm posterior a Cz, identificado pelo sistema internacional 10-20 (Fig. 15-2). O registro lombar não é realizado durante a MNIO, pois a incisão cirúrgica é realizada na mesma topografia.

REFLEXO BULBOCAVERNOSO

O reflexo bulbocavernoso (RBC) é técnica utilizada na avaliação funcional do arco reflexo sacral. A técnica de estimulação se assemelha à utilizada para os potenciais evocados genitocorticais, entretanto, os eletrodos de registro são posicionados nos músculos bulbocavernosos de cada lado. Resposta análoga com vias aferente e eferente semelhantes é o reflexo pudendoanal, cuja estimulação é idêntica à anterior, mas a captação se dá no esfíncter anal externo. A via aferente é composta pelo nervo dorsal do pênis ou do clitóris, nervo pudendo, plexo sacral e raízes sacrais de S2 a S5, fazendo sinapse no núcleo de Onuf, onde, após várias sinapses interneuronais,[3] se inicia o arco eferente do reflexo, que segue pelas raízes sacrais de S2 a S5, plexo sacral, nervo pudendo, ramo profundo do nervo pudendo e músculo bulbocavernoso (ou esfíncter anal externo). Sendo um reflexo polissináptico, sua obtenção é difícil, especialmente em pacientes anestesiados, o que em

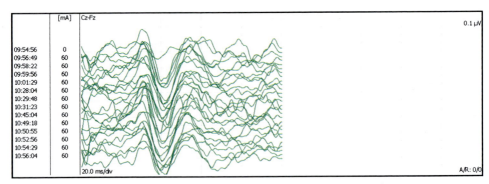

Fig. 15-2. Cascata de potenciais evocados genitocorticais obtidos continuamente durante a cirurgia.

MNIO demanda parâmetro de estimulação específico e a resposta apresenta variabilidade de sua morfologia. O estímulo para a geração do reflexo pode ser gerado de forma mecânica ou por estímulos elétricos ou magnéticos. A técnica intraoperatória de monitorização do reflexo bulbocavernoso foi descrita por Deletis e Vodusek (1997) como um novo método adjuvante para a avaliação das estruturas sacrais baixas (cone medular e cauda equina) durante as cirurgias espinhais.[4] A principal vantagem em relação às técnicas já utilizadas se mostram pela praticidade do método, principalmente pelo fato de tanto o estímulo quanto a captação do potencial ocorrer fora do campo cirúrgico. Outra vantagem está no fato de que, ao contrário das outras técnicas que avaliam seletivamente fibras sensitivas ou motoras, o RBC avalia, conjuntamente, a integridade sensitiva e motora das fibras sacrais baixas. Apesar das vantagens descritas, problemas técnicos podem ocorrer, principalmente, na avaliação de mulheres, pois o estímulo da região do clitóris se mostra mais difícil. Especial atenção deve-se ter na colocação dos eletrodos no esfíncter anal externo, pois o posicionamento fora do músculo não é raro. Além disso, parâmetros de estímulo e artefatos devem ser controlados (Figs. 15-3 e 15-4).[5]

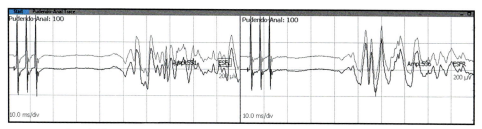

Fig. 15-3. Reflexo bulbocavernoso realizado em MNIO de cirurgia para exérese de tumor em região de cauda equina.

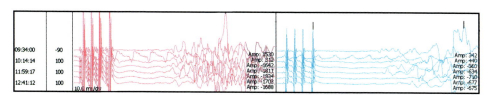

Fig. 15-4. Reflexo bulbocavernoso coletado em diferentes períodos durante a cirurgia.

REFERÊNCIAS BIBLIOGRÁFICAS

1. Niu X, Wang X, Ni P *et al*. Bulbocavernosus reflex and pudendal nerve somatosensory evoked potential are valuable for the diagnosis of cauda equina syndrome in male patients. *Int J Clin Exp Med* 2015;8(1):1162-7.
2. Haldeman S, Bradley WE, Bhatia NN, Johson BK. Pudendal evoked responses. *Arch Neurol* 1982 May;39:280-3.
3. Granata G, Padua L, Rossi F *et al*. Eletrophysiological study of the bulbocavernosus reflex: normative data. *Funct Neurol* 2013;28(4):293-5.
4. Deletis V, Vodusek DB. Intraoperative recording of the bulbocavernosus reflex. *Neurosurgery* 1997;40(1):88-93.
5. Rodi Z, Vodusek DB. Intraoperative monitoring of the bulbocavernosus reflex: the method and its problems. *Clin Neurophysiol* 2001;112:879-83.

ANESTESIA E MNIO

CAPÍTULO 16

Alessandra Oliveira Teixeira
Vinícius Sepúlveda Lima

Desde os primeiros momentos de uma proposta cirúrgica, onde será necessário o registro dos potenciais neurofisiológicos, a equipe formada pelos cirurgiões, anestesiologista e neurofisiologista deve manter uma troca constante de informações para o melhor prognóstico dos pacientes.[1] O registro neurofisiológico não deve suplantar a técnica anestésica nem esta última deverá impedir os registros, exceto em condições de urgência ou diante de intercorrências que possam surgir. Num procedimento eletivo, o planejamento conjunto tem como objetivo a preservação das funções neurológicas; alvo principal da monitorização neurofisiológica. Nesse sentido, a troca de informações passa a ser determinante na escolha do tipo de abordagem cirúrgica e dos fármacos anestésicos mais indicados para cada caso.[1,2]

Fatores inerentes à técnica anestésica, como o tipo da anestesia e as medicações escolhidas, podem prejudicar o registro dos potenciais neurofisiológicos intraoperatórios. Fatores não relacionados com os anestésicos, como a temperatura corporal, a pressão arterial, entre outros podem causar falsas interpretações dos elementos analisados, bem como impedir totalmente seu registro.

O profissional responsável pela monitorização deverá estar familiarizado com as técnicas anestésicas comumente utilizadas, e conhecer como os parâmetros hemodinâmicos, biológicos e medicamentosos podem interferir na monitorização neurofisiológica.

As variações das funções fisiológicas conferem ao neurofisiologista o desafio de julgar se o decaimento ou desaparecimento de determinados parâmetros são inerentes ao procedimento cirúrgico ou alheios a ele, decorrentes de alguma possível intercorrência nas estruturas envolvidas. Portanto, a estabilidade das funções fisiológicas, para sustentar o bom funcionamento das funções neurais, deve ser perseguida por toda a equipe. É desejável uma anestesia realizada de modo contínuo, em bomba de infusão, evitando uso em *bolus* anestésicos e oscilação dos paramentos neurofisiológicos.

TEMPERATURA CORPORAL

As variações da temperatura corporal ou em determinadas regiões alteram o comportamento das estruturas subjacentes, tanto vasculares quanto neurais.[1]

Na hipotermia, observamos prolongamento das latências dos potencias evocados somatossensitivos (PESS) e, em registros de eletroencefalograma (EEG) temos a predominância da frequência lenta *delta* no traçado. Em cirurgias vasculares, assim como em aneurismas de aorta torácica, o alentecimento do EEG demonstra a redução funcional e metabólica cerebral e possíveis assimetrias servem de alerta para interrupção nos clampeamentos, sob pena de isquemias regionais. Já em condições de hipertermia, vamos observar padrão inverso ao anterior, com aumento da velocidade da condução elétrica, com latências reduzidas e velocidade de condução aumentadas. No entanto, em torno dos 42° o potencial evocado motor (PEM) começa a deteriorar em vez de ser facilitado.

O soro fisiológico morno é usado para remover o potássio extracelular decorrente de lesão celular e melhor circulação sanguínea da *vasa nervorum* em cirurgias onde há decaimentos dos potenciais registrados e o soro resfriado/gelado é usado para interromper descargas epileptogênicas decorrentes da estimulação cortical direta. A anestesia geral causa vasodilatação periférica, resfriamento das extremidades e deve ser considerada uma possível causa de dificuldade na obtenção de registros distais, principalmente em membros inferiores.

PRESSÃO ARTERIAL E CIRCULAÇÃO SANGUÍNEA

Imprescindível ao bom funcionamento das funções vitais, sinais hemodinâmicos instáveis tornam um desafio a realização da monitorização neurofisiológica. O registro dos registros dos PESS fica bastante prejudicado se o fluxo sanguíneo for menor que 15 mL/DL/100 g.[3] De modo geral, a pressão arterial sistêmica é o principal parâmetro monitorizado, mas as variações regionais devem ser sempre consideradas. Fatores locais como: condições isquêmicas prévias ou até mesmo compressões inadvertidas extrínsecas podem confundir o julgamento do que é observado. Atenção especial deve ser feita a possíveis compressões vasculares intra ou extracampo ou ao posicionamento dos membros na mesa cirúrgica.

As concentrações parciais dos gases respiratórios alteram a monitorização neurofisiológica, numa hipocarbia importante (< 20 mmHg) e a hipoxemia associada à hipo-hemoglobinemia e pressão arterial reduzida podem alterar de forma dramática os registros do PESS.

Um valor estimado de hemoglobina maior que 10 g/dL parece ser o parâmetro suficiente para conseguir obter bons registros e não precisar de transfusão sanguínea. Apesar da necessidade de valores mais altos da hemoglobina para facilitar a monitorização neurofisiológica, a transfusão sanguínea deve ser realizada de forma cautelosa, uma vez que aumenta o risco de infecções no pós-operatório e há risco de reações imunológicas do tipo hospedeiro *versus* enxerto, e lesões pulmonares.[4,5]

PROCEDIMENTO ANESTÉSICO

A técnica anestésica ideal, quando realizamos a monitorização neurofisiológica, é a anestesia geral intravenosa total, realizada por infusão continua.[1] O uso de *bolus* de anestésicos deixa, muitas vezes, os potenciais instáveis e difíceis de julgar, principalmente, em momentos críticos do procedimento cirúrgico.

Os fármacos anestésicos se diferenciam pelo local e ação, classe farmacológica e potência.[2]

A anestesia deve promover níveis adequados de hipnose, analgesia e relaxamento muscular aos diferentes tipos de procedimentos cirúrgicos.

O planejamento do procedimento anestésico, geralmente, se inicia com a pré-medicação, onde os principais objetivos são: ansiólise e a redução dos níveis pressóricos. A classe farmacológica mais utilizada como pré-medicação é a dos benzodiazepínicos, o midazolam por exemplo, no intuito de promover a diminuição da ansiedade pré-cirúrgica.[6]

A indução anestésica consiste em promover hipnose, analgesia e relaxamento muscular para os diversos procedimentos cirúrgicos. A hipnose é obtida, muitas vezes, pelo uso do propofol em *bolus*.[1] Na analgesia utilizam-se, frequentemente, os opioides como o fentanil, por exemplo. O relaxamento muscular pode ser obtido com uso de bloqueadores neuromusculares, fármacos que facilitam a intubação traqueal na anestesia geral, diminuindo respostas hemodinâmicas pelo estímulo da cânula na superfície traqueobrônquica.[7] Na manutenção podem ser usados anestésicos voláteis ou venosos associados ao oxigênio, ar e/ou óxido nitroso.

MECANISMO DE AÇÃO DOS FÁRMACOS ANESTÉSICOS

Os fármacos anestésicos têm diferentes mecanismos de ação e influenciam na excitabilidade do sistema nervoso. A maioria impacta na transmissão sináptica, principalmente nos receptores N-metil-D-aspartato (NMDA), ou nos receptores gama-aminobutírico (GABA), com interferência no funcionamento nos canais de sódio (Na), potássio (K), cloreto (Cl) e cálcio (Ca).[1-3]

TÉCNICAS ANESTÉSICAS

Técnicas de anestesia geral utilizadas durante a monitorização neurofisiológica: anestesia intravenosa total, onde apenas fármacos venosos são utilizados, e anestesia balanceada, em que se utilizam agentes venosos associados a fármacos inalatórios (p. ex., óxido nitroso ou halogenados).[1]

Anestesia Inalatória e Balanceada

Na anestesia geral balanceada, líquidos voláteis são vaporizados para a sua utilização. Nesta categoria temos duas classes de substâncias, os agentes halogenados e o óxido nitroso (N_2O), associados ao oxigênio puro, ambos os gases têm ação analgésica-hipnótica.[2] Os possíveis sítios de interferência destes agentes seria proximal aos neurônios motores da coluna anterior ou pelo bloqueio do receptor nicotínico da placa mioneural, especialmente quando associado a qualquer bloqueador neuromuscular.[8] Este dado se confirma quando verificamos que registros espinhais diretos normalmente não sofrem interferência destes agentes.[9]

Dentre os anestésicos voláteis halogenados, o mais antigo é o halotano, mas outros da mesma classe foram surgindo no decorrer dos anos, como o enflurano, isoflurano, desflurano e o sevoflurano.

Para estabelecer grau de potência anestésica destes agentes halogenados usa-se como medida a concentração alveolar mínima (CAM). A CAM é definida como a redução da resposta motora aos estímulos álgicos em 50% dos indivíduos submetidos à incisão de 1 cm no subcutâneo da parede abdominal.

A CAM de um anestésico inalatório é inversamente proporcional à potência dele (Quadro 16-1).

O óxido nitroso tem efeito e uso intercambiável com os halogenados. A baixa solubilidade sanguínea o torna um gás extremamente difusível, portanto, pode ser eliminado do organismo de forma rápida.[3] Bastante utilizado como segundo gás, tem sua ação analgésica e pode ser utilizado como coadjuvante dos halogenados.

A anestesia geral balanceada com óxido nitroso não deve ser utilizada onde a monitorização do MEP é necessária. O N_2O e os halogenados têm ação sinérgicas na diminuição dos PESS e PEM.[1,2,9] Isoflurano e enflurano, dentre os novos halogenados, tendem a realizar menor supressão do PESS comparado ao halotano.

Estes agentes voláteis têm sua ação baseada na inibição dos receptores colinérgicos e na fluidez das membranas neuronais,[10] causando supressão cortical, aumento do tempo

Quadro 16-1. Relação entre a Potência e a Concentração Alveolar Mínima dos Anestésicos Voláteis mais Utilizados

Fármaco	Grau de potência	CAM%
Metoxiflurano	1	0,29
Halotano	2	0,75
Isofluorano	3	1,17
Enfluorano	4	2,20
Sevofluorano	5	1,8
Desflurano	6	6,6
Óxido nitroso	-	104

Modificado de Miller RD, 2010[10].

de condução central para os PESS e na redução de resposta do PEM em um único estímulo, mesmo em baixas concentrações (0,5 CAM), devendo ser evitados quando o registro dos PEM são imprescindíveis. Os potenciais evocados auditivos (PEA) não costumam sofrer interferência dos mesmos, apenas sendo interferidos por estes agentes em altas doses.

O PESS e o PEM sofrem supressão dose-dependente do tipo: redução das amplitudes, aumento das latências e do limiar de estimulação.[1,2,9]

No EEG em baixas doses aumentam as frequências rápidas.[1] De modo geral, o EEG não sofre alteração de forma contundente, à exceção de altas doses, quando surge o padrão surto-supressão e, a seguir, silêncio elétrico.

Todos os halogenados causam alteração no padrão frontal em dose de indução (2 a 3 MAC),[1,2,9] reduzindo frequência e amplitude. Entretanto, o desflurano e o isoflurano causam surto-supressão mesmo em doses de manutenção anestésica. Estes têm seu uso proscrito em condições que exigem EEG estável, por exemplo, nas cirurgias com eletro-corticografia (Quadro 16-2).

Anestesia Intravenosa Total

A anestesia intravenosa total tem conquistado mais importância em cirurgias com monitorização neurofisiológica concomitante. Diferente das inalatórias, as medicações usuais de uso intravenoso não interferem de modo relevante no PEM e na monitorização da atividade muscular.

Quadro 16-2. Efeito dos Agentes Anestésicos Voláteis nos Potenciais Evocados Motor e Somatossensitivo

Agentes inalatórios	MEP	PESS
Halotano/Isoflurano	↑ Lat, ↓ Ampli	↑ Lat, ↓ Ampli
Sevoflurano/Desflurano	↑ Lat, ↓ Ampli	↑ Lat, ↓ Ampli
Enflurano	↑ Lat, ↑ Ampli	↑ Lat, ↑ Ampli
N_2O	↑ Lat, ↓Ampli	↑ Lat, ↑Ampli

Lat: latência; Ampli: amplitude.

Benzodiazepínicos

Os benzodiazepínicos são medicações frequentemente utilizadas na pré-medicação, fazendo uso de seu potencial em provocar amnésia recente e ansiólise.[6] O midazolan (*Dormonid*®) é o fármaco mais utilizado dessa classe, no cenário peroperatório.

No EEG, os benzodiazepínicos aumentam a presença das frequências rápidas, com supressão da frequência alfa por todo o traçado.[3] Em doses maiores os benzodiazepínicos levam a aumento gradual da presença das frequências *theta* e *delta*. Devem ser evitados em cirurgias em que serão necessárias a eletrocorticografia como em cirurgias de epilepsia, em decorrência do aumento do limiar convulsivo.

Nos PESS os benzodiazepínicos exercem influência não tão relevante. Nos PEM, a presença destes agentes pode comprometer sobremaneira seu registro, tornando mesmo impeditivo onde estes são imprescindíveis como em cirurgias de mapeamento funcional e monitorização de áreas motoras, quando utilizadas doses acima de 0,2 mg.kg^{-1}.[3]

Cetamina (Dextrocetamina®)

Fármaco anestésico de bom perfil para indução da anestesia, em pacientes com baixa reserva hemodinâmica, por exemplo: pacientes com choque hipovolêmico e/ou séptico, e portadores de cardiopatias, pois possui atividade simpaticomimética intrínseca, habitualmente utilizada na dose de 1 mg.kg^{-1} para indução venosa, ou utilizada na dose de 0,2-0,5 mg.kg^{-1} como adjuvante anestésico.[10] Sua principal característica farmacológica é o aumento da função sináptica, por agonista parcial dos receptores NMDA.[2,9,11] Esta característica traz benefícios em condições onde há dificuldade de obtenção de alguns registros neurofisiológicos, principalmente nos casos em que os potenciais têm baixa amplitude e são de difícil obtenção, ao exemplo de pacientes com prejuízos funcionais prévios.

Como fatores desfavoráveis à sua utilização está seu potencial em causar crises epilépticas, mesmo em indivíduos normais, e causar alucinações, em alguns casos até violentas, no pós-operatório.[1,2,9] No caso de reduzir o limiar epileptogênico, pode ser um fator bastante restritivo ao seu uso em cirurgias onde se faz necessário o mapeamento funcional.

A cetamina aumenta as amplitudes dos PESS e o registro da eletromiografia (EMG).[2] No caso do PEM, tem efeito antagônico: em baixas doses, melhora o registro dos PEM; em altas doses pode levar à supressão dos mesmos.

No registro do EEG, por sua ação excitatória, faz surgir uma frequência beta de alta amplitude.

Opioides

São fármacos com característica de serem potentes agentes analgésicos, com uso efetivo na prevenção de dor intra e pós-operatória. As medicações que pertencem a esta classe farmacológica são: a morfina e os derivados sintéticos dela: fentanil (*Fentanest*®), alfentanil (*Alfast*®), remifentanil (*Ultiva*®) e sufentanil (*Sufenta*®). São utilizados na indução anestésica nas seguintes doses, 5-10 μg.kg^{-1} em *bolus*, 50 μg.kg^{-1} em *bolus* e dose de infusão contínua 0,5-1 μg.kg^{-1}.min^{-1}, 0,5-1 μg.kg^{-1} em *bolus* (deve ser realizado de forma lenta, pelo risco de tórax lenhoso) e dose de manutenção de 0,05-1 μg.kg^{-1}.min^{-1} e 0,5-1 μg.kg^{-1} em *bolus* e dose de manutenção de 0,5-1 μg.kg^{-1}.h^{-1}, respectivamente.[10]

Os opioides são agonistas dos receptores específicos corticais, medulares e periféricos, sendo a principal ação farmacodinâmica nos receptores μ subtipo 1 os de maior ação analgésica dentre os receptores corticais opioides.

Bastante utilizados na anestesia intravenosa total (TIVA), na indução e na manutenção anestésica, normalmente proporcionando boa estabilidade hemodinâmica. São ótimos agentes para adequar o nível da analgesia.

O fentanil aumenta as latências discretamente dos PESS, sem grande efeito nas amplitudes. O remifentanil tem metabolização mais rápida do que os outros opioides, por conta de sua metabolização por esterases plasmáticas, proporcionando, portanto, um controle mais acurado durante a infusão contínua. O uso destes agentes ou de qualquer agente intravenoso deverá ser por infusão contínua, deixando o nível anestésico mais estável, impedindo oscilações contundentes na mesma.

Os opioides aumentam as frequências rápidas no EEG e têm a capacidade de reduzir o limiar epileptogênico, efeito desejado na demarcação de focos epileptogênicos.[2,12] O efeito supressor cortical é considerado irrisório, exceto em altas doses. O alfentanil tem efeito supressor do EEG mais relevante que os demais agentes opioides. Nas condições onde o registro da atividade muscular é importante, estes agentes têm seu uso liberado por sua interferência irrelevante nesta modalidade de registro.

A naloxona é um potente reversor universal de seus efeitos e pode ser usada em algumas situações.

Barbitúricos

Estas substâncias são comumente usadas apenas na indução anestésica, uma vez que possuem meia-vida elevada dependendo do contexto.[2] Dentre os seus representantes temos o tiopental e metoexital.

Têm ação similar aos benzodiazepínicos, aumentando a permeabilidade aos íons cloreto ao se ligarem aos receptores gabaérgicos corticais.

Nos PESS produzem aumento das latências e reduzem a amplitude destes potenciais. Os barbitúricos causam redução das amplitudes dos PEM, condição problemática quando há necessidade de mapeamento funcional.[1,2,9] No EEG, em baixas doses, temos o aumento das frequências rápidas e com o aumento das doses predominam as frequências lentas até padrão de surto-supressão e consequente silêncio cortical. Este efeito supressor pode ser importante em condições em que se deseja a redução do metabolismo, da PIC e do fluxo sanguíneo cerebral.

Propofol (Propofol PFS®, Propovan®, Diprivan®)

O propofol tem um perfil de metabolismo rápido. Causa depressão na atividade cortical por supressão do fluxo de Na e Ca nos neurônios corticais e no receptor gabaérgico.[1,2]

Tem efeito relevante em reduzir o fluxo sanguíneo cerebral, reduzindo, assim, o seu metabolismo. Entretanto, esta supressão acontece de modo menos relevante nos neurônios motores. Ação dose-dependente no EEG, quanto maior a dose, maior a supressão das frequências mais rápidas e preponderância das mais lentas.

A anestesia intravenosa total com o uso de propofol e um ou mais opioides é considerada ideal em muitas situações.

No PEM, reduz suas amplitudes aumentando o limiar de sua obtenção, sem alteração relevante das latências.[3]

O propofol é utilizado em infusão contínua em razão de sua meia-vida (contexto dependente) favorecer um despertar rápido do paciente. Esse fármaco pode ser utilizado de duas formas: infusão contínua ou infusão alvo-controlada. Na infusão contínua, geralmente é realizado uma dose de *bolus* de 2 mg.kg^{-1}, seguido por uma infusão contínua na faixa de 50-200 μg.kg.min^{-1}; a profundidade da hipnose deve ser guiada pelo BIS. Na infusão alvo-controlada, utiliza-se um modelo farmacocinético (Marsh ou Schneider) para a utilização do propofol. A forma da infusão contínua é calculada pela própria bomba, onde realiza um *bolus* seguido de infusão contínua. Habitualmente mantém-se o alvo na faixa de 2,8-4 ug.mL^{-1}.[10] O modelo de Marsh utiliza apenas o peso do paciente, enquanto o modelo de Schneider baseia-se no sexo, peso, altura e idade do paciente. Este último possui melhor perfil para indução em pacientes idosos, uma vez que a dose em *bolus* para indução é menor, levando à menor repercussão hemodinâmica.[10]

Uso do Propofol em Situações Especiais

- *Pediatria:* na farmacocinética, nota-se aumento do volume de distribuição do propofol no primeiro ano de vida, rápido aumento da *clearance*, que estará completa até os 6 meses de vida.[13] O aumento do volume de distribuição requer maiores doses para atingir o estado de equilíbrio do fármaco. Farmacodinâmica: um estudo prospectivo comparou a relação entre as concentrações de propofol e o BIS de crianças (6-13 anos) com as de pós-púberes e adultos jovens (14-32 anos), os autores concluíram que as crianças são menos sensíveis ao propofol e são necessários aumentos em torno de 50% da taxa de infusão contínua para atingir o mesmo nível de hipnose dos adultos.[14] A síndrome de infusão do propofol pode ocorrer em crianças com menos de 3 anos de idade, quando são utilizadas doses maiores ou iguais a 4 mg.kg^{-1}.h^{-1} por até 48 horas.[13] Essa síndrome se caracteriza por acidose metabólica, disritmias, rabdomiólise e hiperlipidemia, e pode ter desfecho fatal. Por esses motivos, muitos anestesiologistas preferem realizar a anestesia balanceada nessa faixa etária.
- *Idosos:* o propofol deve ter sua dose de *bolus* reduzida em idosos. Em doses iguais às dos adultos jovens, a droga atinge maior concentração sanguínea em razão do menor volume de distribuição, podendo ocasionar alterações hemodinâmicas.[15] Considerando suas propriedades farmacodinâmicas e por conta da redução da área cinzenta do tecido cerebral com o avançar da idade, as doses de indução e manutenção também devem ser diminuídas.[10] Nesta faixa etária, é comum o uso do propofol apenas na indução anestésica, seguindo-se anestesia balanceada, em razão do perfil depressor do miocárdio.[15]

Etomidato (Hyponomidate®)

Fármaco considerado ideal do ponto de vista neurofisiológico, por sua capacidade de aumentar a atividade sináptica, aumentando também a excitabilidade cortical e proporcionando uma boa estabilidade hemodinâmica, preservando os registros.[1,2,9,16] Pode causar crises convulsivas em baixas doses e abalos mioclônicos na indução, assim como a cetamina. Também é usado quando o objetivo é acentuar respostas motoras e sensitivas em situações de difícil registro. Utilizado nas doses de 0,2-0,3 mg.kg^{-1}.

Nos registros dos PESS e PEM proporciona aumento das amplitudes mesmo em baixas doses e em doses para sedação e anestesia.[1,9] Apesar de possuir o melhor perfil farmacológico para a monitorização neurofisiológica intraoperatória, este fármaco é pouco utilizado na prática anestésica, em razão do risco de insuficiência suprarrenal e posterior aumento da morbidade e mortalidade cirúrgica, mesmo após uma única dose na indução anestésica.[17] Pode substituir os barbitúricos na indução, pois não causam depressão cardiovascular e têm metabolismo rápido.

O EEG deve ser observado na indução em decorrência da possibilidade de mioclonias.

Em baixas doses reduzem as *afterdischarges*, e em altas doses aumentam o limiar das mesmas, chegando à supressão total do padrão eletroencefalográfico.

Relaxantes Musculares

Os bloqueadores neuromusculares (BNM) atuam nos receptores nicotínicos da junção neuromuscular impedindo a ação da acetilcolina.[2,9] Quanto ao seu mecanismo de ação, podem ser divididos em:

1. *Despolarizantes:* ação semelhante à acetilcolina, despolarizam a membrana pós-sináptica, e por serem mais resistentes à ação da acetilcolinesterase, possuem efeito mais persistente que a acetilcolina. Na fase inicial, a despolarização é observada por meio da ocorrência de fasciculações musculares. Após a despolarização ocorre a dessensibilização, durante a qual o músculo não responde mais à acetilcolina liberada na fenda sináptica (bloqueio total). A associação de um inibidor da acetilcolinesterase pode ser realizado para prolongar seu efeito, como num bloqueio neuromuscular despolarizante.
2. *Não despolarizantes ou adespolarizantes:* atuam como antagonistas competitivos da acetilcolina no receptor de acetilcolina pós-sináptico. Possuem efeito mais duradouro e podem ser revertidos, aumentando-se a oferta de acetilcolina na fenda sináptica.

Por reduzirem a resposta motora, em situações onde o PEM é importante, devem ter seu uso restrito à intubação traqueal, priorizando aqueles de ação ultracurta (duração de 5-10 minutos),[10] como a succinilcolina (*Quelicin*®), único relaxante muscular despolarizante em uso clínico na dose de 1 mg.kg^{-1}, e os de ação intermediária, compostos por relaxantes musculares adespolarizantes (duração de 20-40 minutos): o rocurônio (*Esmeron*®; Rocuron®) na dose de 0,6 mg.kg^{-1}, o atracúrio (*Tracrium*®) na dose de 0,5 mg.kg^{-1}, o vecurônio (*Vecuron*®) na dose de 0,1 mg.kg^{-1}, e o cisatracúrio (*Nimbium*®) na dose de 0,15-0,5 mg.kg^{-1}. Dentre os BNM de longa duração (40-60 minutos) temos o pancurônio (*Pancuron*®) na dose de 0,1 mg.kg^{-1}.[10] Os relaxantes musculares adespolarizantres podem ser reutilizados durante a anestesia em doses de 20-30% da dose inicial durante a indução anestésico, para se obter o relaxamento muscular adequado, quando este se faz necessário.[15] Os relaxantes adespolarizantes precisam ser revertidos na monitorização do PEM.[1-3] A reversão do rocurônio e vecurônio pode ser feita de forma segura, rápida e eficaz com o sugamadex (*Bridion*®), mesmo após doses altas.

No acompanhamento da efetividade destes agentes podemos utilizar:[1,9,16]

- Controle do potencial de ação do músculo composto (PAMC), onde obtém-se uma amplitude basal e, ao longo da anestesia, vamos comparar as amplitudes obtidas com este valor basal, sendo possível monitorizar, caso se obtenha entre 5-50% do basal previamente obtido.
- TOF (do inglês, *Train of Four*) ou "Sequência de quatro estímulos (SQE)" quando se realiza o estímulo do nervo periférico com 4 pulsos consecutivos a 2 Hz e são captados 4 PAMC (potenciais de ação musculares compostos). O padrão de resposta é inversamente proporcional à intensidade do bloqueio neuromuscular.

Na monitorização neurofisiológica, os registros dos músculos desnervados são mais susceptíveis ao uso dos BNM, quando comparados com músculos funcionalmente preservados.[9,18]

Os PESS, principalmente os subcorticais, o EEG e o PEA podem ter seus registros facilitados pela redução da interferência muscular com o uso dos BNM, reduzindo o artefato muscular.[2,3] É importante o uso do BNM quando o eletrodo de registro do potencial sofre ruído de uma atividade muscular subjacente, como em registros epidurais e em nervos periféricos (Quadro 16-3).[19]

Quadro 16-3. Equivalência entre o Número de Respostas Presentes no TOF e a Intensidade do Bloqueio Neuromuscular

TOF	Intensidade do BNM
1 resposta	< 10% dos receptores não bloqueados
2 respostas	10-20% dos receptores não bloqueados
3 respostas	20-25% dos receptores não bloqueados

Modificado de Law SC and Cook DR - 1990[19].

Se nenhum relaxante muscular for usado, a atividade muscular espontânea pode aumentar o ruído de fundo, dificultando a obtenção de potenciais de difícil registro por baixa amplitude como BAER, prolongando os tempos de promediação para obter registros confiáveis.

Dexmedetomidina (Precedex®)

Relativamente recente em anestesia de humanos, era bastante conhecida em anestesia veterinária. Agente alfa 2-agonista, mais seletivo que a clonidina, promove sedação e analgesia sem depressão respiratória. Usado como coadjuvante de outros agentes anestésicos, como os voláteis e/ou intravenosos, reduzindo as doses necessárias destes para o mesmo efeito farmacodinâmico.[1,16]

Tanto a Dexmedetomidina quanto a clonidina podem reduzir muito a amplitude dos PEM, devendo-se titular os demais anestésicos (mesmo o propofol) em caso de uma decisão pelo seu uso.

ANESTESIA PARA CIRURGIA COM PACIENTE ACORDADO

A anestesia deve ocorrer em condições ideais de conforto para o paciente. Deve-se tomar cuidados especiais com o posicionamento, temperatura corporal, punções ou acessos venosos e cateteres urinários que geram desconforto e reduzem a tolerância do paciente no momento da avaliação.[20] Na pré-medicação devem ser evitadas drogas que causem náuseas e vômitos.

Prioriza-se a utilização de anestésicos de ação rápida que permitem o despertar suave e precoce do paciente.

Duas são as modalidades utilizadas em cirurgias de "paciente acordado":

1. Sedação/*Awake Throughout*. O nível de sedação varia de acordo com a etapa da cirurgia e a ventilação é espontânea. Maior será a sedação na colocação dos pinos de Mayfield e, até que todo o acesso tenha sido realizado, após esse momento, a sedação é reduzida para que seja possível avaliar o paciente. Nestas condições o maior risco é um controle inadequado da via aérea. Fármacos mais utilizados nesta modalidade são o propofol e o remifentanil, mas podem ser utilizados, também, a clonidina, os benzodiazepínicos, o fentanil e a dexmedetomidina.[5]

2. Anestesia geral – *Asleep/Awake/Asleep*. Realiza-se intubação traqueal ou utiliza-se a máscara laríngea, para manuseio da via aérea. No momento da avaliação, retira-se a sedação e o suporte ventilatório. Realiza-se a avaliação funcional e depois desta retomam-se a sedação e a ventilação. A principal vantagem é a prevenção da obstrução

aérea e hipoventilação. Podem ser utilizadas as mesmas medicações: propofol, remifentanil, dexmedetomidina etc.

3. Bloqueio do *Scalp* – bloqueio do campo operatório sem sedação. Proporciona estabilidade hemodinâmica e reduz o desconforto por dor. Algumas vezes é a única técnica utilizada. O anestésico local pode ser utilizado com ou sem epinefrina (a presença da epinefrina na solução aumenta a duração do efeito e reduz o sangramento).[5] Medicações utilizadas: bupivacaína, levobupivacaína e ropivacaína em várias concentrações. Os efeitos adversos são taquicardia e hipertensão arterial, se houver injeção intravaso acidental.

AGENTES OU MEDIDAS NEUROPROTETORAS

O *manitol*, diurético osmótico, reduz o edema cerebral e melhora o fluxo sanguíneo cerebral. Os *corticosteroides*, como a dexametasona e a metilprednisolona, reduzem o edema cerebral resultante de isquemia e, por conseguinte, evitando que a apoptose se propague regionalmente. Teoricamente, se utilizados em altas doses, reduzem o aumento da lesão isquêmica.[11]

A *hipotermia* é utilizada por suas características de reduzir o metabolismo cerebral, em situações agudas de risco de dano celular isquêmico como nas cirurgias vasculares com possível dano cerebral isquêmico direto. Graus variáveis de baixas temperaturas provocadas vão causando alentecimento gradual do EEG até o silêncio elétrico total.[9,11]

REFERÊNCIAS BIBLIOGRÁFICAS

1. Møller AR. *Intraoperative neurophysiological monitoring* 3rd ed. New York: Springer; 2011.
2. Simon MV. Intraoperative neurophysiology: a comprehensive guide to monitoring and mapping. Nova York: Demos Medical Publishing; 2009.
3. Sloan TB, Heyer EJ. Anesthesia for intraoperative neurophysiologic monitoring of the spinal cord. *J Clin Neurophysiol* 2002;19:430-43.
4. Napolitano LM. Blood transfusion and the lung: first do no harm? *Crit Care* 2011;15:152.
5. Zheng Y, Lu C, Wei S *et al.* Association of red blood cell transfusion and in-hospital mortality in patients admitted to the intensive care unit: a systematic review and meta-analysis. *Crit Care* 2014;18:515.
6. Conway A, Rolley J, Sutherland JR. Midazolam for sedation before procedures. *Cochrane Database Syst Rev* 2016:CD009491.
7. Heinonen J, Salmenpera M, Suomivuori M. Contribution of muscle relaxant to the haemodynamic course of high-dose fentanyl anaesthesia: a comparison of pancuronium, vecuronium and atracurium. *Can Anaesth Soc J* 1986;33:597-605.
8. Paul M, Fokt RM, Kindler CH *et al.* Characterization of the interactions between volatile anesthetics and neuromuscular blockers at the muscle nicotinic acetylcholine receptor. *Anesth Analg* 2002;95:362-7.
9. Deletis V, Shils JL. Neurophysiology in neurosurgery: a modern intraoperative approach. Amsterdam; Boston: Academic Press; 2002.
10. Miller RD. *Miller's anesthesia*, 8th ed. Philadelphia: Elsevier; 2015.
11. Zouridakis G, Papanicolaou AC. *A concise guide to intraoperative monitoring*. Flórida: CRC Press; 2000.
12. Simon MV, Chiappa KH, Kilbride RD *et al.* Predictors of clamp-induced electroencephalographic changes during carotid endarterectomies. *J Clin Neurophysiol* 2012;29:462-7.
13. Chidambaran V, Costandi A, D'Mello A. Propofol: a review of its role in pediatric anesthesia and sedation. *CNS Drugs* 2015;29:543-63.
14. Rigouzzo A, Girault L, Louvet N *et al.* The relationship between bispectral index and propofol during target-controlled infusion anesthesia: a comparative study between children and young adults. *Anesth Analg* 2008;106:1109-16, table of contents.

15. Kirkpatrick T, Cockshott ID, Douglas EJ, Nimmo WS. Pharmacokinetics of propofol (diprivan) in elderly patients. *Br J Anaesth* 1988;60:146-50.
16. Tsutsui S, Yamada H. Basic principles and recent trends of transcranial motor evoked potentials in intraoperative neurophysiologic monitoring. *Neurol Med Chir* (Tokyo) 2016;56:451-6.
17. Chan CM, Mitchell AL, Shorr AF. Etomidate is associated with mortality and adrenal insufficiency in sepsis: a meta-analysis*. *Crit Care Med* 2012;40:2945-53.
18. Singh H, Vogel RW, Lober RM *et al.* Intraoperative neurophysiological monitoring for endoscopic endonasal approaches to the skull base: a technical guide. *Scientifica* (Cairo) 2016;2016:1751245.
19. Law SC, Cook DR. Monitoring the neuromuscular junction. In: Lake CL (ED.). "Clinical monitoring". Philadelphia: WB Saunders; 1990. c. 21. p. 719-55.
20. Piccioni F, Fanzio M. Management of anesthesia in awake craniotomy. *Minerva Anestesiol* 2008;74:393-408.

ÍNDICE REMISSIVO

Entradas acompanhadas por um *f* ou *q* em itálico indicam figuras e quadros, respectivamente.

A

ACA (Artéria Carótida Anterior), 20
ACI (Artéria Carótida Interna), 20
ACM (Artéria Carótida Média), 20
ACP (Artéria Carótida Posterior), 22
Agente(s) Anestésico(s)
 voláteis, 206*q*
  efeito dos, 206*q*
   nos PEM, 206*q*
   nos PESS, 206*q*
Agente(s)
 neuroprotetores, 212
Alarme
 critérios de, 176
  na monitorização, 176
Aliasing
 fenômeno de, 64*f*
Alta Frequência
 filtros de, 56
Anatomia, 13-30
 encéfalo, 13, 15*f*
  sistema ventricular, 13, 14*f*
 hemisférios cerebrais, 13
  estruturas dos, 13
   ângulo pontocerebelar, 19*f*
   assoalho do 4º ventrículo, 18*f*
   fossa posterior, 16
   núcleos da base, 16*f*
   tronco encefálico, 17*f*
 medula espinal, 22, 26*f*
  funículos, 23*f*
  irrigação arterial da, 26*f*
  substância branca medular, 23*f*
 motricidade, 28
 nervos, 19, 24
  cranianos, 19
   origem dos, 20*f*
   vascularização, 20

espinais, 24
 vascularização, 24
periféricos, 24
 vascularização, 20
plexos, 25*f*
 braquial, 25*f*
 lombar, 25*f*
 sacral, 25*f*
polígono de Willis, 21*f*
sistema, 27
 motor, 27
  vias somáticas, 28*f*
 sensitivo, 27
  sensibilidade, 27
  vias somáticas, 28*f*
Anestesia
 carrinho de, 94*f*
 e cirurgia, 170
  eletroencefalografia e, 170
 e ECoG, 185
 e MNIO, 203-212
  agentes neuroprotetores, 212
  circulação sanguínea, 204
  com paciente acordado, 211
  fármacos anestésicos, 205
   mecanismo de ação dos, 205
  medidas neuroprotetoras, 212
  pressão arterial, 204
  procedimento anestésico, 204
  técnicas anestésicas, 205
   balanceada, 205
   inalatória, 205
   TIVA, 206
  temperatura corporal, 203
 equipamentos de, 94
Anestésico(s)
 e alterações, 173*q*
  na atividade de base, 173*q*

voláteis, 206*q*
  CAM dos, 206*q*
    relação entre potência e, 206*q*
Ângulo
  pontocerebelar, 19*f*, 149*f*
    tumor de, 149*f*
      ressecção de, 149*f*
Ânion, 47*f*
Ânodo, 44*f*
Aprofundamento
  anestésico, 171*f*
    variações com o, 171*f*
      de padrões, 171*f*
      de ritmos, 171*f*
Arco
  em C, 95
Área(s)
  de densidade, 44*f*
    de corrente, 44*f*
      maior, 44*f*
      menor, 44*f*
Artefato(s)
  causado por celular, 151*f*
  de cautério, 151*f*
    bipolar, 151*f*
    monopolar, 151*f*
  estímulos, 151*f*
    de PESS, 151*f*
  interferências, 66
  ruídos, 66
Aspirador
  ultrassônico, 95, 96*f*
Assoalho
  do 4º ventrículo, 18*f*
Aterramento
  informações importantes sobre, 76
Átomo, 47
  neutro, 47*f*
Audição
  anatomofisiologia da, 111

B

Baixa Frequência
  filtros de, 55
Bloqueio
  da condução nervosa, 147
    transitório, 147
  de condução, 148
BNM (Bloqueadores Neuromusculares), 135, 150, 210
  intensidade do, 211*q*
    número de respostas no TOF e, 211*q*
      equvalência entre, 211*q*
Bomba(s)
  de infusão, 94

Breve Histórico
  da MNIO no Brasil, 3-10
Broca, 93
  cirúrgica, 93*f*

C

CAM (Concentração Alveolar Mínima), 205
  dos anestésicos voláteis, 206*q*
    potência e, 206*q*
      relação entre, 206*q*
Campo
  elétrico, 48*f*
    e linhas de força, 48*f*
      entre as cargas, 48*f*
  estéril, 90
Capacitor(es), 50
Captação
  do sinal biológico, 58
Carga
  elétrica, 48
Carrinho
  de anestesia, 94*f*
Cátion, 47*f*
Catodo, 44*f*
CC (Centro Cirúrgico)
  iniciando no, 89-106
    campo estéril, 90
    documentação, 100
      laudo, 101
      TCLE, 105
    equipamentos, 92
      arco em C, 95
      aspirador ultrassônico, 95, 96*f*
      bombas de infusão, 94
      broca, 93
      carrinho de anestesia, 94*f*
      de anestesia, 94
      de raios X, 95
      drill, 93
      eletrocautério, 92, 93*f*
      fixador de crânio, 97
      intensificador de imagem, 95*f*
      mayfield, 97
      mesa cirúrgica, 93, 94*f*
      microscópio, 94, 95*f*
      neuronavegador, 96
    indumentária, 89
    material estéril, 90
      manuseando o, 90
    MNIO, 97
      contraindicações à, 99
      planejamento da, 97
      preparação da, 97
    pessoal, 91

ÍNDICE REMISSIVO

Checklist
  para o técnico de MNIO, 77
Choque
  elétrico, 73
    efeitos do, 73*f*
Circuito(s), 50
  com gerador, 51*f*
    e capacitor, 51*f*
    e indutor em série, 51*f*
    e resistor, 51*f*
  do filtro de passa-alta, 55*f*
    efetivo, 55*f*
  em paralelo, 51*f*
  LC, 52
  RC, 52
  RCL, 53
  RL, 52, 53*f*
Circulação
  sanguínea, 204
    anestesia e, 204
Cirurgia
  com paciente acordado, 211
    anestesia para, 211
Citoarquitetura
  cortical, 83*f*
CN (Condução Nervosa), 3
  bloqueio, 147, 148
    transitório, 147
Coluna(s)
  dorsais, 131
    mapeamento das, 131
      com PESS, 131
Conversão
  analógico-digital, 64*f*
    e distorção, 64*f*
      ou fenômeno de *aliasing*, 64*f*
Conversor
  analógico digital, 63
Corrente
  alternada, 76*f*
    fonte de, 76*f*
  áreas de densidade de, 44*f*
    maior, 44*f*
    menor, 44*f*
  de fuga, 74
    máxima, 74*q*
    tolerada, 74*q*
  elétrica, 49, 72*f*
    alternada, 72*f*
      gerador de, 72*f*
  linhas de, 44*f*
  RMS, 54
Crânio
  fixador de, 97

Craniotomia
  e ECoG, 183
Curva(s)
  de potência, 61*f*

D

Degeneração
  axonal, 148
    distal, 148
Descompressão
  cervical, 150*f*
    em dois níveis, 150*f*
Dipolo(s), 45*f*, 87*f*
  da retina, 154*f*
  disposição dos, 88*q*
    e dos eletrodos, 88*q*
      relação entre, 88*q*
  resultante dos geradores, 83*f*
    corticais, 83*f*
Distorção
  conversão analógico-digital e, 64*f*
Documentação
  para MNIO, 100
    laudo de, 101
      descrição das técnicas, 102
      descrição do procedimento, 103
      material utilizado, 102
      parâmetros utilizados, 102
      técnicas utlizadas, 101
    TCLE para, 105
      alternativas, 106
      caso decida não submeter, 106
      descrição do procedimento, 105
      identificação do paciente, 106
      riscos do procedimento, 105
Doppler
  efeito, 193*f*
  física do, 191
  microvascular, 191-198
    identificação dos vasos, 198
    técnica de insonação, 195
Drill, 93
DTC (Doppler Transcraniano), 3, 191-198
  identificação dos vasos, 198
  técnica de insonação, 195
DW (Degeneração Walleriana), 148

E

ECoG (Eletrocorticografia), 181-188
  anestesia, 185
  complicações, 188
  de ressecção cirúrgica, 184*f*
    de displasia, 184*f*
      de lobo temporal, 184*f*
  histórico, 181

ÍNDICE REMISSIVO

interpretação, 185
intraoperatória, 182
técnica, 182
  colocação dos eletrodos, 184
  craniotomia, 183
  eletrodos, 182
    modelos de, 183*f*
  equipe, 182
  filtros, 183
  montagens, 183
  planejamento cirúrgico, 182
  sensibilidade, 183
utilização da, 186
  nos diferentes tipos de cirurgia, 186
    de tumores, 188
    epilepsia de lobo temporal, 186
      lesional, 186
      não lesional, 187
    epilepsia extratemporal, 187
      lesional, 187
      não lesional, 187
EEG (Eletroencefalografia), 3
  na indução anestésica, 172*f*
  na MNIO, 170*q*
    gravação do, 170*q*
      parâmetros para, 170*q*
  para avaliação, 171*f*
    do nível anestésico, 171*f*
  sinal de, 59*f*
    passagem do, 59*f*
      barreiras naturais à, 59*f*
EEGq (EEG quantitativo), 178
EETc (Estimulação Elétrica Transcraniana), 134
Eletricidade
  princípios básicos de, 47-68
    conceitos, 47
    definições, 47
      átomo, 47
      capacitores, 50
      carga elétrica, 48
      circuitos, 50
        LC, 52
        RC, 52
        RCL, 53
        RL, 52
      corrente, 49, 54
        elétrica, 49
        RMS, 54
      filtros, 55
      força elétrica, 48
      indutores, 50
      potencial elétrico, 48
      resistores, 49
      transistores, 57
Eletrocautério, 92, 93*f*

Eletrodo(s)
  de registro, 152, 156
    colocação dos, 152, 156
  disposição dos, 88*q*
  e dos dipolos, 88*q*
    relação entre, 88*q*
  estimuladores, 122*q*
    de agulha, 122*q*
    de superfície, 122*q*
  na ECoG, 182
    colocação dos, 184
    modelos de, 183*f*
  posicionamento dos, 153*f*
    de agulha hipodérmica, 153*f*
    para registro, 154*f*
      da eletro-oculografia, 154*f*
Eletroencefalografia, 161-178
  anestesia, 170
  e cirurgia, 170
  aplicações clínicas, 177
    outras, 177
  critérios de alarme, 176
    na monitorização, 176
  eletrogênese, 161
  interpretação, 173
    hipotermia, 175
    isquemia, 173
  limitações do método, 177
  metodologia, 162
    eletrodos, 163
    equipamento, 162
    gravação, 166, 170*q*
      parâmetros para, 166, 170*q*
    montagens, 163
      bipolar longitudinal, 165*f*, 155*f*
      simples, 165*f*, 166*f*, 171*f*
  técnicas quantitativas, 178
Eletrogênese, 161
Eletrônica
  conceitos básicos, 47
  definições, 47
    átomo, 47
    capacitores, 50
    carga elétrica, 48
    circuitos, 50
      LC, 52
      RC, 52
      RCL, 53
      RL, 52
    corrente, 49, 54
      elétrica, 49
      RMS, 54
    filtros, 55
    força elétrica, 48
    indutores, 50

ÍNDICE REMISSIVO

potencial elétrico, 48
resistores, 49
transistores, 57
EMG (Eletromiografia), 3, 145-159
anatomia, 146
estimulada, 145, 155, 157*f*
do nervo ciático, 155*f*
estímulo, 156
parâmetros de, 156
livre, 145, 148, 151*f*
problemas frequentes, 156
reações, 146
dos nervos periféricos, 146
à lesão, 146
registro, 152, 154, 156
eletrodos de, 152, 156
colocação dos, 152, 156
parâmetros de, 154, 156
utilidade clínica, 158
Encéfalo
anatomia, 13
sistema ventricular, 13, 14*f*
giros, 15*f*
sulcos, 15*f*
suprimento arterial do, 21*f*
polígono de Willis, 21*f*
vascularização, 20
ENMG (Eletroneuromiografia), 145
Epilepsia
ECoG na, 186
de lobo temporal, 186
lesional, 186
não lesional, 187
extratemporal, 187
lesional, 187
não lesional, 187
Equipamento(s)
no CC, 92
arco em C, 95
aspirador ultrassônico, 95, 96*f*
bombas de infusão, 94
broca, 93
carrinho de anestesia, 94*f*
de anestesia, 94
de raios X, 95
drill, 93
eletrocautério, 92, 93*f*
fixador de crânio, 97
intensificador de imagem, 95*f*
mayfield, 97
mesa cirúrgica, 93, 94*f*
microscópio, 94, 95*f*
neuronavegador, 96
Equipe
e ECoG, 182

Estimulação, 60
anódica, 62*f*
transcraniana, 62*f*
Estimulador(es)
de agulha, 122*q*
e superfície, 122*q*
comparação entre, 122*q*
elétricos, 78
Estímulo
do PESS, 123*f*
frequência de, 123*f*
e amplitude, 122*f*
relação entre, 122*f*
no PEA, 114
parâmetros de, 156

F

Fármaco(s)
anestésicos, 205
mecanismo de ação dos, 205
Fenômeno
de *aliasing*, 64*f*
FFT (Transformada Rápida de Fourier), 178
Filtro(s), 64
de alta frequência, 56
de baixa frequência, 55
de parede, 65*f*
efeitos do, 65*f*
efeito dos, 56*q*
nos parâmetros, 56*q*
dos registros neurofisiológicos, 56*q*
na ECoG, 183
passa-alta, 55
circuito do, 55*f*
efetivo, 55*f*
passa-baixa, 56
circuito do, 56*f*
efetivo, 56*f*
Fixador
de crânio, 97
Força
elétrica, 48
Fossa
posterior, 16
estrutura da, 16
Frequência(s) Ultrassônica(s)
clínicas, 192*q*
valores para vários meios a, 192*q*
de impedância, 192*q*
de velocidade, 192*q*
Funículo(s), 23*f*

G

Gerador(es), 86*f*
circuitos com, 51*f*
e capacitor, 51*f*

e indutor em série, 51*f*
e resistor, 51*f*
corticais, 82*f*, 83*f*
dipolo resultante dos, 83*f*
de corrente elétrica, 72*f*
alternada, 72*f*
dos PESS, 126
prováveis, 126
nos MMII, 126
nos MMSS, 126
no PEA, 113

H
Hemisfério(s) Cerebral(is)
estruturas dos, 13
ângulo pontocerebelar, 19*f*
assoalho do 4º ventrículo, 18*f*
fossa posterior, 16
núcleos da base, 16*f*
tronco encefálico, 17*f*
Hipotermia
EEG na, 175
interpretação, 175
paciente sob, 176*f*
a 17°C, 176*f*
silêncio eletrográfico em, 176*f*

I
Indução
anestésica, 172*f*, 173*f*
benzodiazepínico para, 173*f*
aumento de atividade rápida com, 173*f*
EEG na, 172*f*
Indumentária
no CC, 89
Indutor(es)
bobinas, 50
eletromagnetos, 50
solenoides, 50
Instrumentação
princípios básicos de, 47-68
artefatos, 66
conversor, 63
analógico digital, 63
estimulação, 60
filtros, 64
interferências, 66
ruídos, 66
sinal biológico, 58, 68
apresentação do registro, 68
captação do, 58
sinal captado, 62
processamento do, 62
Intensificador
de imagem, 95*f*

Interferência(s)
artefatos, 66
ruídos, 66
Interpretação
da ECoG, 185
da eletroencefalografia, 173
hipotermia, 175
isquemia, 173
Introdução
da MNIO no Brasil, 3-10
Isquemia
EEG na, 173
interpretação, 173

J
JNM (Junção Neuromuscular), 135

L
Laudo
de MNIO, 101
descrição das técnicas, 102
descrição do procedimento, 103
material utilizado, 102
parâmetros utilizados, 102
técnicas utlizadas, 101
LC (Indutivo-Capacitivo)
circuito, 52
Lesão
reações à, 146
do nervo periférico, 146
Linha(s)
de corrente, 44*f*
de força, 48*f*
campo elétrico e, 48*f*
entre as cargas, 48*f*
equipotenciais, 44*f*, 45*f*, 46*f*, 85*f*
de VC, 85*f*

M
Material
estéril, 90
manuseando o, 90
Mayfield, 97
Medida(s)
do som, 112*f*
comparação de, 112*f*
Pa, 112*f*
SPL, 112*f*
neuroprotetoras, 212
Medula
espinal, 22, 26*f*
irrigação da, 26*f*
arterial, 26*f*
vascularização, 24

ÍNDICE REMISSIVO

sulco mediano dorsal da, 131
  identificação do, 131
    com PESS, 131
Mesa
  cirúrgica, 93, 94*f*
Mesencéfalo
  núcleos do, 16*f*
Metodologia
  da eletroencefalografia, 162
    eletrodos, 163
    equipamento, 162
    gravação, 166, 170*q*
      parâmetros para, 166, 170*q*
    montagens, 163
      bipolar longitudinal, 165*f*, 155*f*
      simples, 165*f*, 166*f*, 171*f*
Microscópio, 94, 95*f*
MNIO (Monitorização Neurofisiológica
  Intraoperatória)
  anestesia e, 203-212
    agentes neuroprotetores, 212
    circulação sanguínea, 204
    com paciente acordado, 211
    fármacos anestésicos, 205
      mecanismo de ação dos, 205
    medidas neuroprotetoras, 212
    pressão arterial, 204
    procedimento anestésico, 204
    técnicas anestésicas, 205
      balanceada, 205
      inalatória, 205
      intravenosa total, 206
    temperatura corporal, 203
  contraindicações à, 99
  cronologia da, 5*f*
  documentação, 100
    laudo de, 101
      descrição das técnicas, 102
      descrição do procedimento, 103
      material utilizado, 102
      parâmetros utilizados, 102
      técnicas utlizadas, 101
    TCLE para, 105
      alternativas, 106
      caso decida não submeter, 106
      descrição do procedimento, 105
      identificação do paciente, 106
      riscos do procedimento, 105
  espinhal sacral, 199-201
    técnicas especiais de, 199-201
      genitocorticais, 199
      PE do nervo pudendo, 199
      RBC, 200
  nervos cranianos na, 146*q*
    e respectivos músculos, 146*q*

neurofisiologia clínica para, 1-107, 109-213
  bases de, 1-107
    anatomia, 13-30
    neurofisiologia básica, 33-46
    princípios básicos, 47-68, 81-88
      de eletricidade, 47-68
      de instrumentação, 47-68
      de PE, 81-88
    segurança elétrica, 71-78
    iniciando no CC, 89-106
    introdução, 3-10
    breve histórico, 3-10
    regulamentação, 3-10
  técnicas de, 109-213
    anestesia e, 203-212
    Doppler microvascular, 191-198
    DTC, 191-198
    ECoG, 181-188
    eletroencefalografia, 161-178
    EMG, 145-159
    espinal sacral, 199-201
    PEA, 111-119
    PEM, 133-142
    PESS, 121-131
  planejamento da, 97
  preparação da, 97
  raízes na, 147*q*
    e respectivos músculos, 147*q*
  técnico de, 77
    checklist para o, 77
Monopolo, 86*f*
Montagem(ns)
  na ECoG, 183
Motricidade, 28
Músculo(s)
  na MNIO, 146*q*, 147*q*
    respectivos, 146*q*, 147*q*
      nervos cranianos e, 146*q*
      raízes e, 147*q*

N

Nervo(s)
  ciático, 155*f*
    EMG do, 155*f*
      estimulada, 155*f*
  cranianos, 17*f*, 19, 146*q*
    e respectivos músculos, 146*q*
      na MNIO, 146*q*
    núcleo dos, 17*f*
    origem dos, 20*f*
  espinais, 24
    periféricos, 24
    vascularização, 24
  periférico, 146
    reações do, 146
      à lesão, 146

Neurofisiologia Clínica
para MNIO, 1-107, 109-213
bases de, 1-107
anatomia, 13-30
neurofisiologia básica, 33-46
princípios básicos, 47-68, 81-88
de eletricidade, 47-68
de instrumentação, 47-68
de PE, 81-88
segurança elétrica, 71-78
iniciando no CC, 89-106
introdução, 3-10
breve histórico, 3-10
regulamentação, 3-10
técnicas de, 109-213
anestesia e, 203-212
Doppler microvascular, 191-198
DTC, 191-198
ECoG, 181-188
eletroencefalografia, 161-178
EMG, 145-159
espinal sacral, 199-201
PEA, 111-119
PEM, 133-142
PESS, 121-131
Neurofisiologia
básica, 33-46
potencial da membrana, 33
alterações do, 37
de repouso, 33
manutenção, 33
prática da, 43
aplicação desses princípios na, 43
transmissão sináptica, 41
e potenciais pós-sinápticos, 41
Neurofisiologista
clínico, 8
registro da ocupação do, 8
Neuronavegador, 96
Núcleo(s)
da base, 16*f*
dos nervos cranianos, 17*f*

P

Pa (Pressão do Som), 112*f*
Passa-Alta
filtro(s), 55
circuito do, 55*f*
efetivo, 55*f*
Passa-Baixa
filtro(s), 56
circuito do, 56*f*
efetivo, 56*f*
PAUM (Potenciais de Ação da Unidade
Motora), 146

PE (Potenciais Evocados), 3
do nervo pudendo, 199
genitocorticais, 199, 200*f*
princípios básicos de, 81-88
PEA (Potencial Evocado Auditivo), 103, 111-119
audição, 111
anatomofisiologia da, 111
estímulo, 114
geradores, 113
medidas do som, 112*f*
comparação de, 112*f*
Pa, 112*f*
SPL, 112*f*
registro, 114
durante cirurgia de descompressão
vascular, 119*f*
do nervo trigêmeo, 119*f*
montagens sugeridas para, 115*f*
queda da amplitude do, 118*f*
schwannoma vestibular, 117*f*
setup do equipamento, 115*q*
via auditiva, 112*f*
fisiologia da, 112*f*
PEA-Tc (Potencial Evocado de Tronco
Encefálico), 113
bilateral, 114*f*
registro após estímulo, 114*f*
PEM (Potencial Evocado Motor), 103
complicações, 142
contraindicações, 142
EET, 141*f*
efeito, 206*q*
dos agentes anestésicos, 206*q*
voláteis, 206*q*
montagem do, 134*f*
registro, 133-142
epidural, 133-142
muscular, 133-142
técnica, 137
PEMCo (Potencial Evocado Corticobulbar), 103
PEMep (Potencial Evocado Motor Epidural), 134
interpretação, 140*q*
registros, 136*f*
PEMm (Potencial Evocado Motor Muscular), 134
análise do, 141
recomendações na, 141
interpretação do, 139, 140*q*
padrões de, 140
parâmetros no, 139*q*
de estímulo, 139*q*
de registro, 139*q*
registro do, 138*f*
PEPS (Potencial Excitatório Pós-Sináptico), 135

ÍNDICE REMISSIVO

PESS (Potencial Evocado
Somatosssensitivo), 102, 121-131
efeito nos, 206*q*
dos agentes anestésicos, 206*q*
voláteis, 206*q*
epidural, 128, 129*f*
considerações, 128
do nervo tibial posterior, 129*f*
exemplo de registro, 129*f*
eletrodo com dois contatos, 128*f*
frequência de estímulo do, 123*f*
e amplitude, 122*f*
relação entre, 122*f*
interpretação do, 127
intraoperatório, 127
montagem, 124*f*, 125*f*
de MMII, 125*f*
de MMSS, 124*f*
outros usos, 130
identificação do sulco, 130
central, 130
mediano dorsal da medula, 131
mapeamento das colunas dorsais, 131
prováveis geradores dos, 126
nos MMII, 126
nos MMSS, 126
registro, 122, 127*f*
paradoxal, 127*f*
de membros inferiores, 127*f*
técnicas de, 122
Pessoal
no CC, 91
PEV (Potencial Evocado Visual), 103
Planejamento
cirúrgico, 182
ECoG e, 182
Plexo(s)
braquial, 25*f*
lombar, 25*f*
sacral, 25*f*
Polígono
de Willis, 21*f*
Potência
curvas de, 61*f*
Potencial
elétrico, 48
trifásico, 44*f*
Pressão
arterial, 204
anestesia e, 204
PRF (*Pulse Repetition Frequency*), 193*f*
Princípio(s) Básico(s)
de eletricidade, 47-68
conceitos, 47

definições, 47
átomo, 47
capacitores, 50
carga elétrica, 48
circuitos, 50
LC, 52
RC, 52
RCL, 53
RL, 52
corrente, 49, 54
elétrica, 49
RMS, 54
filtros, 55
força elétrica, 48
indutores, 50
potencial elétrico, 48
resistores, 49
transistores, 57
de instrumentação, 47-68
artefatos, 66
conversor, 63
analógico digital, 63
estimulação, 60
filtros, 64
interferências, 66
ruídos, 66
sinal biológico, 58, 68
apresentação do registro, 68
captação do, 58
sinal captado, 62
processamento do, 62
de PE, 81-88
VC, 81
Procedimento
anestésico, 204
PUM (Potenciais de Unidade Motora), 146

Q

Quadrupolo
e seu registro, 88*f*
com eletrodos, 88*f*
ativo, 88*f*
referência, 88*f*

R

Raios X
equipamento de, 95
Raiz(es)
e respectivos músculos, 147*q*
na MNIO, 147*q*
RBC (Reflexo Bulbocavernoso), 200, 201*f*
RC (Resistivo-Capacitivo)
circuito, 52
RCL (Resistivo-Indutivo-Capacitivo)
circuito, 53

Registro(s)
da eletro-oculografia, 154*f*
eletrodos para, 154*f*
posicionamento dos, 154*f*
de PEA-Tc, 114*f*
bilateral, 114*f*
após estímulo, 114*f*
montagens sugeridas para, 115*f*
setup do equipamento, 115*q*
eletrodos de, 152, 156
colocação dos, 152, 156
neurofisiológicos, 56*q*
parâmetros dos, 56*q*
efeito dos filtros nos, 56*q*
no PEA, 114
durante cirurgia de descompressão
vascular, 119*f*
do nervo trigêmeo, 119*f*
queda da amplitude do, 118*f*
schwannoma vestibular, 117*f*
no PESS, 122, 127*f*
paradoxal, 127*f*
de membros inferiores, 127*f*
técnicas de, 122
parâmetros de, 154, 156
Regulamentação
da MNIO no Brasil, 3-10
cobertura da, 9
pelos planos de saúde, 9
da atividade médica, 5
Resistor(es), 49
Ressecção
cirúrgica, 184*f*
de displasia de lobo temporal, 184*f*
ECoG de, 184*f*
de tumor, 149*f*
de ângulo pontocerebelar, 149*f*
RL (Resistivo-Indutivo)
circuito, 52, 53*f*
Ruído(s)
artefatos, 66
interferências, 66

S

Segurança
elétrica, 71-78
aterramento, 76
informações importantes sobre, 76
checklist, 77
para o técnico de MNIO, 77
choque elétrico, 73
corrente de fuga, 74
estimuladores elétricos, 78
SEM (Silêncio Elétrico Muscular), 145, 159

Sensibilidade
na ECoG, 183
Silêncio
eletrográfico, 176*f*
em paciente sob hipotermia, 176*f*
a 17°C, 176*f*
Sinal
biológico, 58
captação do, 58
registro do, 68
apresentação do, 68
captado, 62
processamento do, 62
amplificadores, 62
do EEG, 59*f*
passagem do, 59*f*
barreiras naturais à, 59*f*
original, 63*f*
amplificado, 63*f*
distorção de linearidade do, 63*f*
Sistema
equipotencial, 77*f*
sensitivo, 27
sensibilidade, 27
vias somáticas, 28*f*
proprioceptiva, 28*f*
motor, 27
vias somáticas, 28*f*
motora, 28*f*
ventricular, 13, 14*f*
cerebral, 14*f*
encéfalo, 13
SNC (Sistema Nervoso Central), 13
SNP (Sistema Nervoso Periférico), 13
Som
medidas do, 112*f*
comparação de, 112*f*
Pa, 112*f*
SPL, 112*f*
Sonda(s)
estimuladoras, 155*f*
SPL (Níveis de Pressão do Som),112*f*
SQE (Sequência de Quatro Estímulos), 210
SS (Padrão de Surto-Supressão), 169*f*
com anestesia profunda, 172*f*
com propofol, 172*f*
e remifentanil, 172*f*
traçado com, 168*f*
Substância
branca, 23*f*
medular, 23*f*
Sulco
identificação do, 130
com PESS, 130
central, 130
mediano dorsal da medula, 131

ÍNDICE REMISSIVO

T

TCB (Trato Corticobulbar), 135
TCE (Trato Corticospinal), 135
TCLE (Termo de Consentimento Livre e Esclarecido)
  para MNIO, 105
    alternativas, 106
    caso decida não submeter, 106
    identificação do paciente, 106
    procedimento, 105
      descrição do, 105
      riscos do, 105
Técnica(s)
  anestésicas, 205
    agentes neuroprotetores, 212
    anestesia inalatória, 205
      e balanceada, 205
      intravenosa total, 206
    com paciente acordado, 211
    medidas neuroprotetoras, 212
  de ECoG, 182
    colocação dos eletrodos, 184
    craniotomia, 183
    eletrodos, 182
      modelos de, 183*f*
    equipe, 182
    filtros, 183
    montagens, 183
    planejamento cirúrgico, 182
    sensibilidade, 183
  de neurofisiologia clínica, 109-213
    para MNIO, 109-213
      anestesia e, 203-212
      Doppler microvascular, 191-198
      DTC, 191-198
      ECoG, 181-188
      eletroencefalografia, 161-178
      EMG, 145-159
      espinhal sacral, 199-201
      PEA, 111-119
      PEM, 133-142
      PESS, 121-131
Técnico
  de neurofisiologia clínica, 8
    registro da ocupação do, 8
Temperatura
  corporal, 203

anestesia, 203
TIVA (Anestesia Intravenosa Total), 206
  barbitúricos, 208
  benzodiazepínicos, 207
  cetamina, 207
    Dextrocetamina®, 207
  dexmedetomidina, 211
    Precedex®, 211
  etomidato, 209
    Hyponomidate®, 209
  opioides, 207
  propofol, 208
    Diprivan®, 208
    Propofol PFS®, 208
    Propovan®, 208
  relaxantes musculares, 210
TOF (*Train of Four*), 210
  número de respostas no, 211*q*
    e intensidade do BNM, 211*q*
      equivalência entre, 211*q*
TPE (Trato Propriospinal), 135
Transformador
  isolador, 76*f*
Transistor(es), 57
Tronco
  encefálico, 17*f*
Tumor(es)
  cirurgia de, 188
    ECoG na, 188
  de ângulo pontocerebelar, 149*f*
    ressecção de, 149*f*

V

VC (Volume Condutor), 81, 82
  linhas equipotenciais de, 85*f*
Via(s)
  auditiva, 112*f*
    fisiologia da, 112*f*
  somáticas, 28*f*
    motora, 28*f*
    proprioceptiva, 28*f*

W

Willis
  polígono de, 21*f*